Secrets

of

Animal Life

动物生活的秘密

飞羽文库

秦颖 主编

（英）约翰·阿瑟·汤姆森 著

康慨 康布谷 译

SPM
南方传媒

花城出版社

中国·广州

图书在版编目（ＣＩＰ）数据

动物生活的秘密 ／（英）约翰·阿瑟·汤姆森著；
康慨，康布谷译. —— 广州：花城出版社，2022.6
（飞羽文库 ／ 秦颖主编）
ISBN 978-7-5360-9640-0

Ⅰ．①动… Ⅱ．①约… ②康… ③康… Ⅲ．①动物—
普及读物 Ⅳ．①Q95-49

中国版本图书馆CIP数据核字(2022)第068573号

出 版 人：张　懿
责任编辑：黎　萍　许阳莎
技术编辑：凌春梅
封面插画：姚炫妃
封面设计：吴丹娜

书　　名 动物生活的秘密
　　　　 DONGWU SHENGHUO DE MIMI
出版发行 花城出版社
　　　　 （广州市环市东路水荫路 11 号）
经　　销 全国新华书店
印　　刷 佛山市浩文彩色印刷有限公司
　　　　 （广东省佛山市南海区狮山科技工业园 A 区）
开　　本 880 毫米×1230 毫米　32 开
印　　张 6.625　1 插页
字　　数 170,000 字
版　　次 2022 年 6 月第 1 版　2022 年 6 月第 1 次印刷
定　　价 49.80 元

如发现印装质量问题，请直接与印刷厂联系调换。
购书热线：020—37604658　37602954
花城出版社网站：http://www.fcph.com.cn

前　　言

　　写作这本短文集的目的，是想让有思想的读者产生兴趣，关于动物的生活，看一看摆在现代生物学家面前的众多难题。某些文章涉及了以新面貌再次出现的老问题；另一些则关注最近的研究所引出的新问题。它们大部分无疑是对其他博物学家研究成果的评论和反思，且多半出自为本校动植物研究专业高年级学生开设的讲座。不消说，书中只选了有代表性的课题，相关的阐述多为评论，而无意解决所涉及的问题。大自然在告诉我们一种秘密时，往往祭出另一种秘密。前十篇文章各讲单独的一种动物；接下来的六篇关注了生命之网；随后十篇探讨发育和行为问题——这两个课题的关系要比乍看之下更为密切；其余十四篇或许都围绕着进化概念展开。全部文章都曾发表于《新政治家》杂志，蒙该刊发行人和主编允准，现结集付梓。

约翰·阿瑟·汤姆森

阿伯丁大学马歇尔学院

一九一九年一月

目录 - CONTENTS

一 海鸟返巢

　　人类使用信鸽已有两千多年了，可我们仍然没有一种令人满意的理论，来解释它们为什么经历超长距离的跋涉，往往还能成功回家。一只燕子到南方过冬，再返回它前一年出生的苏格兰农庄，这虽是反复验证过的事实，但我们对此能做的解释却少之又少。返巢行为充满了难题，于是我们在此满怀渴望，翻开沃森（J. B. Watson）[1]教授和拉什利（K. S. Lashley）[2]博士不久前利用德赖托图格斯群岛海鸥所做实验的报告[3]。实验选用的鸟是白顶玄燕鸥（Noddy Tern）和乌燕鸥（Sooty Tern），在鸟礁（Bird Key）颇为繁盛。这是德赖托图格斯群岛中的一座小岛，仿佛是为实验量身定做的，因为它位于这两种热带燕鸥迁徙区的最北端，如果携鸟北上，它们多半会发现，自己置身于一个以前从未到过的地区。不仅如此，在得克萨斯和佛罗里达两条海岸线之间，鸟礁是最后一块陆地，周围好几百公里，满目汪洋，不见地标，刚好可以在这儿把鸟放飞。例如，从鸟礁到得克萨斯州的加尔维斯顿，中间隔了一千三百七十六公里，全是开阔的水面，自然是返巢实验的上佳场地。

　　实验步骤是这样的：逮一只有劲儿又有活力的燕鸥，在头颈处拿油彩做出醒目的标记；准备两个标签（一大一小，其余完全相同），记下

---

　　① 约翰·布·沃森（一八七八年至一九五八年），一译华生，美国心理学家，从研究动物行为出发，创立了行为主义心理学，尤其以他引起高度争议、用婴儿所做的小艾伯特实验最为著名。——译注

　　② 卡尔·拉什利（一八九〇年至一九五八年），美国行为主义心理学家和神经心理学的开创者。他是沃森的学生。——译注

　　③《海洋动物学报》（*Papers from the Department of Marine Zoology*），卡内基研究所，华盛顿，七卷（一九一五年），一至一〇四页，七插九图。——原注

日期、地点和斑纹；小标签系到鸟脖子上，至于大标签，若是乌燕鸥，便固定在一根三十厘米长的木桩上，插进鸟巢旁边的沙地，若是白顶玄燕鸥，就系在合适的树枝上；把鸟放进鸟笼，蒙住笼子，装上船，往远处开；用冰箱里的米诺鱼喂食，让鸟保持健康；到选定的地点放飞；然后观察它的返巢。从普遍的结果来看，最重要的便是，这些燕鸥能从一千三百多公里之外的加尔维斯顿飞回来，而它们一路飞越的水体，提供不了任何可以用来控制飞行方向的标识。有些鸟大约六天就回来了，有些花了将近十二天，还有些根本就没回来。很多燕鸥从八百多公里远的地点回家，用时不过三五天，但有时从基韦斯特回到鸟礁也用了这么久，而两地相隔仅有一百零五公里。当然，所需的时间和飞行速度并不相关，三只乌燕鸥仅用三小时四十五分钟，便从基韦斯特回来了，而在回巢报到前，它们说不定还花时间去了趟捕食地呢。返巢的成功一半取决于鸟的活力，一半取决于好运的眷顾，比如天气晴朗、鹰隼缺勤。

有几次实验的细节颇具启发性。两只白顶玄燕鸥和两只乌燕鸥，上了汽船的特等舱，驶到古巴的哈瓦那，而后在七月十一日的清晨放飞。到了第二天，它们才回到一百七十四公里外的鸟礁，想来是花了大把的时间，在古巴海岸养精蓄锐来着。五只鸟在北卡罗来纳州的哈特勒斯角放飞，其中至少三只在几天内便回来了，这趟旅程的直线距离有一千三百六十八公里，如果沿着海岸线飞，距离还要更长。四只白顶玄燕鸥和四只乌燕鸥，装进蒙住的鸟笼，坐上加尔维斯顿的一条汽船，驶到离鸟礁还有七百四十二公里处，在看不见海岸线的地方放飞。"刚一放出来，除了一只，所有鸟就都开始往东飞了。而那一只朝西飞了大概一百八十米，也突然掉转头，朝东飞去。"第一天，虽然全天遇到强烈的逆风，还是有两只乌燕鸥安全返回了鸟礁。六月四日，在加尔维斯顿港放飞了十一只鸟；六月九日，一位观察者搭汽船返回鸟礁时，在加尔维斯顿以东六百五十八公里的外海上看到，他的一只燕鸥（涂有红色标记的乌燕鸥）正在水面的浮木上歇脚。路遇暴风雨，让它不幸地失去了成功返巢的机会。

鸟类的远距离返巢能力到底来自何处？两位作者的初衷虽然不是要解答这一难题，却迈出了实打实的一步，证明鸟未受过训练，也能在无迹可寻的海洋上空，飞越一千三百到一千六百公里，成功返巢。拉什利博士指出，在岛上筑巢、交配和育雏时的短距离飞行中，燕鸥大部分情况下靠的是视觉经验，动作记忆和听觉也能提供小小的帮助。完全没有证据表明有什么不同寻常的感知力存在，更没有臆想的感觉器官起了作用。

但是说到远距离返巢能力，又该做何解释？（一）有人认为，哈特勒斯角的鸟是顺着海岸线，往更温暖的方向飞的。这很有可能，但根本解释不了横跨墨西哥湾、从加尔维斯顿到鸟礁的飞行。（二）有人认为，加尔维斯顿的鸟是循着明显可见的洋流飞行的。洋流一路经过得克萨斯、路易斯安那、亚拉巴马和佛罗里达的海岸线，再穿过佛罗里达海峡，流经德赖托图格斯群岛。洋流的颜色不同于周围的海水和更靠近海岸的回流。但是这种颜色上的不同，只有在阳光和观察者形成特定的角度时才能看到；而很多成功返巢的鸟都是在夜里放飞的，所有鸟也都在外面过了不止一夜；它们必须克服雨、雾和多云的天气；不管是在加尔维斯顿到德赖托图格斯群岛之间的哪个地点放飞的，它们回家的表现都是一样的好。再说了，它们凭什么不跟着洋流朝相反的方向飞呢？（三）有人认为，鸟只要飞得特别高，就能辨清方向。可是首先，它们从来也不会飞得很高；其次，在一百六十公里远的地方，它们要飞到一点六公里的高空，才能看到德赖托图格斯群岛中赤蠵礁（Loggerhead Key）的灯塔；再次，就算它们飞得高，也会因为空中连绵不断的雾霭，而看不到太多的东西。

观察者并没有假定存在着什么新奇而神秘的"方向感"，他们还要再做很多实验，现在算是开了一个好头。迪沙泰尔（Duchâtel）推断，鸟类的视网膜对电磁波，尤其是红外线格外敏感。为了证明这一假说，沃森教授专门考察了幼鸟和信鸽的光谱敏感度，但没发现任何证据，可以支持这种假定的敏感性。他还谨慎地测试了叙翁（Cyon）的理论，即鸟类（众所周知，它们在一般的嗅觉方面很不发达）能闻到回家的路，沿途通过嗅觉黏膜感知风的方向、强度和温度。他把两只白顶玄燕鸥的鼻腔用熔化的蜡塞住，再拿漆封死，带到一百零五公里外的基韦斯特，下午两点放飞。可第二天的黎明，这两只鸟都已经像往常一样返巢了。据此可以推断，燕鸥的鼻腔里并没有什么特殊的触觉，也不存在嗅觉上的敏感性，可以帮助它们返巢。观察者提出，鸟身上的其他地方——比如眼皮、耳羽或口腔——有没有可能存在着什么触觉或热觉的神经末梢，帮助它们辨别飞行途中可能遇到的气压、温度和湿度的微小变化？

所以，这事儿到现在仍然是个未解之谜——鸟未经训练，却能从很远的距离之外，飞越无迹可寻的海水，成功抵达一个虽然熟悉却看不见的目的地。不用说，市面上流传着大量推论和假想，但沃森教授和拉什利博士孜孜以求的，是科学的解释。博物学家们将它归因于磁场感应、地形记忆、动作定势、通灵等——至少提出了九种假说——但谜底还是要有待将来才能揭晓。科学方法中常见的一个步骤是，尽力把难解的情况和相近的事放在一起加以考察，对待燕鸥返巢也得这么办。可惜，在建立这种联系时，现有的狗、猫，还有其他哺乳动物回家的数据，却不适于科学研究，至于信鸽要是未经训练还有什么本事，也缺少关键的实验。

对蚂蚁和蜜蜂，倒是有过极其仔细的实验，在一定的范围内，它们也能成功找到回家的路。通过对照，可以断定，大多数的现象可以用多种感官刺激——嗅觉、触觉、视觉和动觉的逐渐增多来加以解释。不过，也有些现象，像燕鸥从加尔维斯顿飞到德赖托图格斯群岛、成功回家这样的，目前还难以解读。沃森教授在约翰·霍普金斯大学执掌实验和比较心理学系，他对燕鸥返巢所做的实验性研究，比起相同领域内的动物学家们，不免又多了几分心理学上的敏锐。因此，饶有兴味的是，他通过细心的观察，看到鸟类在日常活动受到干扰时，会激起筑巢的冲动。他发现，强烈的冲动可以持续两三个星期；我们该把这事记在心上，因为燕鸥的返巢行为因此别具意味，让人眼前一亮。燕鸥要回自己的巢，也就是说，回到它们生命达到高潮时的那些活动里去，回到原有的状态里去。驱使它们这样做的，是一种深刻的、生理上的强烈欲望，是一种无法遏止的冲动，茫茫的海水也无法阻挡。

二　企鹅：奇异的一族

　　话说在动物园的海狮馆，有个女士刚好第一次见到企鹅，便说好奇怪，小海豹为啥长得这么像鸟呀。我们大可以原谅她那没有成见的头脑犯下的错误，因为很难想象还有比企鹅更离奇的生物了。它们姿态醒目，忽而像哨兵一样站得笔直，忽而又像它们的爬行类祖先那样匍匐于冰面；它们动作多样，戏水时像海豚，游泳时像鸭子，借着鳍状肢，可以潜到十八米深的水下，在冰上却步履蹒跚，活像头重脚轻的婴儿，到了雪地，又能以独有的方式滑行；它们敢于放弃翅膀，换来鳍状肢；它们大片大片地换羽；这些非凡的特征还有很多，让它们作为奇异的一族，在鸟类中脱颖而出。但只有在它们的习性里，我们才能找到最显著的特质，而这多亏了英国皇家海军医生默里·利维克（Murray Levick）[1]，作为一九一〇年新地南极考察队的一员，他比之前所有的观察者都更接近企鹅——至少是阿德利企鹅——的核心地带。爱德华·A. 威尔逊（Edward A. Wilson）[2]医生的不期而逝，既是科学界，也是艺术界的巨大损失，他的研究依然是精确与详尽的典范，但利维克医生更胜一筹。利维克医生此前写过一篇论文（海涅曼出版社，一九一四年），论及阿德利企鹅的社会性习惯，轻松愉快，被传诵一时；现在摆在我们面前的，则是有关新地探险动物学新发现的《不列

---

[1] 乔治·默里·利维克（一八七六年至一九五六年），英国极地探险家和海军军医。——译注

[2] 爱德华·阿德里安·威尔逊（一八七二年至一九一二年），英国极地探险家、鸟类学家、博物学家和艺术家，一九一〇年参加罗伯特·斯科特领导的新地南极探险，一九一二年一月十七日，突击队五人——有斯科特和威尔逊，但利维克不在队中——终于抵达南极点，却痛苦地发现自己晚于挪威人阿蒙森五周，成了史上第二。回程途中，他们耗尽体力与给养，二三月间全数死于罗斯冰架。阿普斯利·切里-加勒德就此写有著名的《世界上最糟糕的旅行》一书。——译注

颠博物馆报告》第一卷中的节选，题为《阿德利企鹅自然史》（*Natural History of the Adélie Penguin*），配有二十一幅精美的照片。这项研究足以让任何一个博物学家感到骄傲，亦表明其作者是一流的观测者。他的观测所得，不仅对鸟类爱好者有吸引力，也会让那些对自然史深层哲学问题感兴趣的人心向往之。"你只要纵身一跃，"诗人乔治·梅雷迪思（George Meredith）[1]写道，"美妙的世界就在眼前。"真是令人惊叹啊，利维克医生细心的研究引领着我们，在生物学领域行进得何其"辽敻"（far ben）。

临近十月月中，在南极洲维多利亚地的阿代尔角，一只阿德利企鹅出现在群栖地内。两天后，可以看见两只了，再过一天，大概有了二十只，又过了一天，"我们朝北看，越过海冰，能看到长长的一队阿德利企鹅，往这边走过来，排成长龙，一只接一只，一眼望不到头"。这是史上第一张照片，拍到了企鹅返回自己出生的地方。沙尔科[2]考察队的路易·盖恩（Louis Gain）[3]博士已经证明，至少有一部分企鹅会年复一年，回到同一个群栖地繁育后代；一想到有一种神秘的乡愁，驱使着这些不会飞的鸟，跋涉千百公里，越过无迹可寻的海洋，回到自己的摇篮，我们便百思不得其解。它们在冰面上行进，蹒跚疾行，每分钟走一百三十步，每步十五厘米，时速一千米。"在沉寂的空气中，能清晰地听到它们小小的喘息，好像有些上气不接下气。"时不时地，它们突然扑倒，胸口着地，以脚为桨，用相同的速度向前滑行。到十月末，已有大约七十五万只企鹅，拥挤在阿代尔角的群栖地。

---

① 乔治·梅雷迪思（一八二八年至一九〇九年），维多利亚时代英国的著名诗人和小说家。——译注

② 让-巴蒂斯特·沙尔科（Jean-Baptiste Charcot，一八六七年至一九三六年），法国医生和极地科学家，一九〇四到一九一〇年间两次远征南极。他的科考船叫作"为什么不"号。他死于"为什么不"四号在冰岛外海的船难。——译注

③ 路易·盖恩（一八八三年至一九六三年），法国博物学家和探险家。——译注

雌鸟占据了原来的石头巢，或在地面刨出新坑，然后等待追求者，有时不免望穿秋水。雄鸟呢，一边与长途跋涉后的疲劳苦斗，一边还要勉力求欢，举手投足，活像在雌鸟脚边放下一块无形的石头，"一场蠢笨至极的表演"。但雌鸟通常不置一词，只有两只雄鸟互为情敌，大打出手，才能唤起它的兴趣。只见两位斗士胸顶着胸，挥舞鳍状肢，互相施以雨点般的拍击。决斗常常见血，但利维克医生从未见过有谁死于非命。婚姻生活刚开始的那段日子，雄鸟必须不断驱赶擅自闯入的家伙，宣告自己的领土，但一俟小两口安定下来，它们便会彼此绝对忠诚。

雄鸟收集圆形石子，以此筑巢，可能的话也会偷一些。粗糙的石英石极为诱人，美观在此胜过了舒适，利维克医生手中染了色的卵石也很抢手，红色比绿色更受欢迎。非常有趣的是，海滩边有个小湖，湖中央有座小山，企鹅却绝不涉足。它们刚到这儿的时候，水面结了坚冰，但这些聪慧的鸟儿仿佛意识到了（抑或出于某种传统的禁忌？），再过差不多一个半月，鸟粪就会把湖水弄得黏糊糊的，它们要想去小山，就非得从这水里蹚过去不可了。在有些情况下，巢偶尔会建得很低，解冻的海水越积越多时，就得多花一番功夫搞扩建，还要去弄石头，把巢垫高。科学家目睹了一场好戏——雄鸟带回一坨雪给雌鸟吃。"这只雄鸟离开伴侣后，显然意识到他家的雌鸟正渴着，却不能像他那样容易弄到雪。"阿德利企鹅有个特性，便是爬到高处，在悬崖上筑巢。有些鸟刚从海上回来，便立刻开始登高，费力地攀爬于岩架之间。它们爬到顶峰去，是要跟去年的伴侣团圆吗？利维克医生在很高的山顶上发现了一个鸟群，离海面大约二百一十三米，爬上去要耗费巨大的力气。"抚育幼鸟的整段时间里，这些登山家必须每二十四小时内，出好几趟门，大老远地，为了巢中的幼鸟，从海里带回满肚子的磷虾——看看它们的小腿儿，再看看它们笨重的身躯，这种攀登真是苦其心力，每次向上的行程，都要两个来小时艰苦的攀爬。"

在产卵之前，父母谁也不去吃东西。卵产下了，鸟父鸟母才有一只下水，往往待上七到十天，然后回来，再换另一只离开。禁食期短则十八日，长则二十八天，真是自甘牺牲的父母典范，代表了动物生活最美好的一面。等到雏鸟破壳而出，双亲便频繁换班觅食，它们的身形一向优雅，回程当中却变得十分滑稽，因为它们装了一肚子的甲壳动物，实在太重，不得不身体后仰，才能保持平衡。有时它们装得太多，反而吐得一干二净。雏鸟像小鸬鹚那样，要把脑袋挤进父母的喉咙里进食。雌鸟坐巢，不到换班的时候，什么都不能诱使它挪窝，哪怕是和邻居争吵；但雄鸟很容易就因好斗而分心，它们常常不顾邻居的抗议，把拥挤的群栖地搞得鸡犬不宁，而看上去，邻居们是想劝和的。

在水里，阿德利企鹅只有一个敌人：豹海豹。出水以后，除了人类，它们便再没有致命的天敌。企鹅并不特别在意虎鲸，对豹海豹却怀有强烈的恐惧。这些鳍足类动物有时会将企鹅整只生吞，它们生性贪婪，常常潜伏在企鹅跳水的岩架下面，而多亏利维克医生的引领，我们可以一窥企鹅习性的另一面。据他讲述，为了让群里别的企鹅第一个下水，它们是颇要耍些把戏的。除了豹海豹、人类和同类，成年企鹅过着平静的生活，但到了融雪季，坠落的巨砾，崩塌的泥石，经常造成惨重的损失。有的时候，成群的企鹅正在筑巢，也会遭到吹雪的掩埋，雪堆的表层结了冰，更是格外危险。但即便如此，这些顽强的生物也能生存好几个星期，它们靠自己的体温融出小小的雪屋，再用脑袋戳出呼吸孔。总的来说，成年企鹅是非常安全的，可蛋和雏鸟的死亡率很高，这多半要怪贪婪的贼鸥，还有鲁莽好斗、恶习不改的雄鸟。

企鹅的生活也有轻松的一面，它们积习成癖，在海冰上，或是在下水与回巢的途中，常常玩一些原始的游戏。比如跳水，一个接一个，前赴后继，如此之快，"就像拿着酒瓶子，往水里咕嘟咕嘟地倒酒"；又比如"跃水"，从水里跃出水面，还有冰面上的追逐游戏。企鹅最喜欢的一项活动，是集体登上一块浮冰，直到冰面鸟满为患，然后借着潮水，漂到群栖地的下端，一到那儿，它们便扑通扑通跳下来，逆流游回原地，搭乘下一块浮冰，再漂一趟。为了找到时间玩这些游戏，又不至于让雏鸟自生自灭，企鹅发明了一种奇怪的方法。父母们"把各家的后代聚在一起"，分成几组，交给几只尽职尽责的鸟（企鹅群体的个性差异很大）加以看管，它们要负责驱赶贼鸥，保证或尽力保证雏鸟不会走失。父母们在度假期间，时不时地也会良心发现，送来食物——只给自家小孩所在的托儿所。总的来说，阿德利企鹅的生活看起来蛮快乐的，在它们的天地里，如果诸事顺遂，我们也能开心地看到它们表现出"狂喜"的姿态，听到它们唱出古怪的"满意之歌"。

在这本自然史年鉴中，还有一张独特的照片。那是某种冰上的拉练，数千只企鹅聚集在一起，展开持续数小时的有序行动。利维克医生的解读大抵不错，尽管他看到的这一幕与迁徙并不直接相关，却有可能表明，这是企鹅在重温秋季北进之前大批聚集的旧习。这样的旅行当然还存在着，只是罕为人知，因为离开南极海岸之后，阿德利企鹅的冬季营地便为狂风暴雪和迷雾所笼盖，尽管它们也许只是伏在流冰群上，在很南很南的海中，守着最北最北的冰面。

三　悍蚁突袭

四十多年来，因为卡洛·埃梅里（Carlo Emery）[1]教授的观察，动物学得到了不断的丰富。他是一位意大利博物学家，在昆虫学领域浸淫多年，尤其长于蚂蚁研究。不久前（一九一六年），他发表了一篇论文，报告了对欧洲悍蚁的全新考查。悍蚁当属最俊俏，也最令人迷惑的蚂蚁之列。为了领会埃梅里的研究，我们有必要旧事重提，拿出一则奇闻，梳理一下它的脉络。由两种不同种类的蚂蚁暂时组成的蚁群并不罕见，比如血红林蚁（*Formica sanguinea*），才华横溢，好勇斗狠，时常迫使别种蚂蚁屈身为奴，可它们要是愿意，其实不用奴隶，只靠自己也能欣欣向荣。你可以叫它们嗜血蚂蚁。与它们大不相同的，是那些退化了的蓄奴者和社会寄生虫，它们完全依赖奴隶或宿主才能生存。一边是为求安逸而放弃独立的退化生物，另一边是选择独立也能生存的嗜血者，居于这两者之间的，便是悍蚁。它们没有奴隶便活不下去，却看不出有什么退化。

瑞士昆虫学家皮埃尔·于贝尔（Pierre Huber）[2]一八一〇年首次发现，悍蚁的欧洲种（*Polyergus rufescens*）是蓄奴者；他的同胞奥古斯特·福雷尔（Auguste Forel）[3]也在日内瓦湖畔工作，进一步扩展了于

---

① 卡洛·埃梅里（一八四八年至一九二五年），意大利昆虫学家，因埃梅里规则——昆虫中的社会性寄生生物往往是其寄主的近缘种——而在史上留名。——译注

② 皮埃尔·于贝尔（一七七七年至一八四〇年），瑞士昆虫学家，另一位昆虫学家弗朗索瓦·于贝尔（一七五〇年至一八三一年）的儿子和画家让·于贝尔（一七二一年至一七八六年）的孙子。——译注

③ 奥古斯特·福雷尔（一八四八年至一九三一年），瑞士蚁学家，神经元学说的奠基人之一。——译注

贝尔精细的观察；现在，埃梅里教授在此之上发现了更多的细节。关于美洲悍蚁的最佳研究，是由惠勒（W. M. Wheeler）①教授完成的②。悍蚁的工蚁和蚁后拥有的下颚利于杀戮，却不适合挖掘、觅食或抚育后代。它们不能挖洞，但在乞食和偷窃时丝毫不觉得羞愧。它们是尚武的贵族，不屑于因劳作而脏污双手。如惠勒教授所言："在巢中，它们麻木而懒散，久坐不动，或向奴隶乞求食物，或自我清洁，擦亮红彤彤的盔甲，但一到洞外，踏上捕食的征程，它们便展示出令人刮目相看的勇气和协同作战的能力，与它们相比，'嗜血蚂蚁'的突袭更像是一群未经训练的民兵笨拙的行动。"但是，它们也为战绩付出了相当的代价，因为它们的生存，终究还是离不开自己的雇佣兵、主人或奴隶。这几个字眼我们全都用上了，因为只用一个，断然表达不出这种奇怪的关系。需要指出的是，除了有生育能力的"蚁后"，我们还要注意，这些精力旺盛的尚武分子，统统都是没有生育能力的娘子军，即所谓的"工蚁"。

埃梅里在一九〇八年和一九〇九年迈出了重要一步——建了一座实验用的蚁窝。他拿来一只受精的悍蚁蚁后，放进了雅内③氏蚁巢，里面已经住进了一群棕蚁（Brown Ant）。很快，悍蚁蚁后杀掉了棕蚁蚁后，并取而代之，加冕登基。在两年的时间里——我们必须省略细节——埃梅里教授的蚁群大为繁盛，里面有从没到过墙外的悍蚁，还有许多提供服务的棕蚁奴工。实验的重要性一望即知，它揭示出悍蚁和帮手组成的混合蚁群是怎样形成的。上述蚁群发展之初，奴隶对待悍蚁就像养了宠物，甚至不让它们到蚁窝的亮处散个步，如果有哪只逃掉了，也会马上给带回内室。不过，悍蚁终究越来越多，也越来越好动，一次

---

① 威廉·莫顿·惠勒（一八六五年至一九三七年），美国蚁学家，他的著作对年少时的昆虫学家威尔逊（E. O. Wilson，一九二九年至二〇二一年）产生过重大影响。——译注

② 参见他精彩而可靠的著作《蚂蚁》（Ants）（哥伦比亚大学丛书）。——原注

③ 夏尔·雅内（Charles Janet，一八四九年至一九三三年），法国工程师和生物学家。他发明的人工蚁巢一九〇〇年在巴黎世界博览会上亮相，外壁是便于观察的玻璃。——译注

次跑出去探路。我们一想到它们在探索一方新天地，便不能不感到惊奇，好一个孤胆侦察兵，发现了棕蚁的老窝，立刻深入虎穴，攻击成群的工蚁，缴了人家的蛹，扛起来就回家。本能就是本能。

一九一一年夏天，侦察行动已经进行了一段时间，某天下午，埃梅里发现蚁巢内激情渐长，六十只悍蚁组成一队，整装待发。但它们只行进了不到两米，便告撤军。大约一小时后，悍蚁再度出击，这次直捣一群棕蚁，并满载俘虏而归（和往常一样，都是婴幼儿）。那天晚上，悍蚁们来来回回好几次，总共带回四百五十多只俘虏。在一九一二年和一九一三年，埃梅里继续研究他的人工蚁窝，将它到处挪动（这种方法在处理蚁学难题时可能相当管用），并就某些突袭劫掠的快速和精准，证实了福雷尔的描述。这也许部分依赖于此前的侦察，而颇有可能的是，侦察兵发现合适的劫掠目标之后，就算不亲自带路，也会向袭击者指点目标的方位。福雷尔记录过一例，作为洗劫对象的蚁窝有将近五米远，但悍蚁军团直取目标。

很久之前，埃布拉尔（Ebrard）报告过一桩怪异至极的案例。一天午前，他把一窝普通的蚂蚁和它们的蛹带回家，用手帕包好，仔细系牢，放进三楼的房间，准备给自家鸟舍里的莺（Warbler）来一顿大餐。当天下午，他散步回来，发现仆人们极其激动，因为家里遭到了悍蚁军团的入侵，它们攻到楼上，洗劫了那条珍贵的手帕，搬走了给鸣鸟准备的蛹。这可能是一只悍蚁侦察兵四处游荡，发现了手帕里的宝贝，又跑到总部做了汇报，由此引发了突袭——迅速、精准、果断；我们对悍蚁的敬佩之情简直日甚一日。

在埃梅里的一个实验里，他把人工蚁窝放到一座环绕着围墙的院子里，完全没有掠夺对象的踪迹。可是远征仍然一而再，再而三地发生。这是不是幻象所致——"尽管什么都没有，还是相信发现了蚁窝"呢？说来不合情理，但埃梅里会提醒我们，他把蚁群挪到了一个完全陌生的地方，于是很自然地（说来痛心，难道我们不曾想到人类的战争中也有类似的事例吗？），这些远征就略显蠢笨了。不过，一个成熟的悍蚁蚁群很快便会取得对环境的掌控权，它们发起的突袭既快速又准确。我们不会把悍蚁奉为男人类——碰到这种事我们不该说女人类吧——的楷模，但我们得承认，悍蚁的敏捷、精准、勇敢，还有成功，都是令人钦佩的。绑架小朋友当奴隶这种事令人不齿，但悍蚁做起来得心应手。有一次突袭，大约从下午五点钟开始，到六点四十五分埃梅里教授的儿子停止计数之前，它们已经捕获了一千多个俘虏。悍蚁似乎受到一种本能的躁动驱使，周期性地无法遏制，结果导致一次又一次鲁莽的突袭。顺带着说一句，突袭差不多回回都在下午发生。

一九一四年，这位老练的观蚁者研究了蚂蚁搬家。头一天下午，他看到悍蚁背奴隶，不过有时南辕北辙，走了相反的方向；但接下来，大部分搬运的活都是奴隶在干了，它们不仅背幼儿，还要背女主人。还有一次，埃梅里看到了不寻常的一幕，也许是哗变，但更可能是发狂。几只蚁奴攻击了一只悍蚁，接着把它拖来拖去；它立刻杀掉了其中的两只，随后却受到另一只悍蚁的攻击，二蚁最终同归于尽。第二天，蚁奴们搬走了两具尸体。

像之前的于贝尔和福雷尔一样，埃梅里感到困惑的是，雇佣兵对悍蚁远征一事常常产生抗拒心理。福雷尔认为，从外面掳来的壮丁必须先熟悉这些陌生的程序，然后才能半心半意地参加日程上的突袭。但埃梅里提出，这里头有着某种更为微妙的因素，"一种恋蚁（myrmecophilous）关系"，仆人把女主人当成了某种任性的宠物。不过他承认，在那个夏天，这种关系最后变得相当淡漠。我们很想在此重述一下，仆人是怎样把走失的主子搬回家的，也想说说棕蚁本来胆小怕事，却受到蚁际交流的毒害，有时竟然也参与蓄奴。但是关于这奇异的地下世界——里面充满了鉴戒和夸张——我们最后要说的一点，却怎么也离不开这个悲伤的问题：勇猛的悍蚁在进化的过程中，会不会像其他忽视自身独立的蚁类那样，注定要走向退化呢？

四　胡蜂的社群生活

　　说到物是人非的感觉，在秋尽后的弃物里，没有什么比得上醋栗丛中的胡蜂巢了。自从九月初，晨霜始降，这里便蜂去楼空。大部分人会欣欣然，为"最后的胡蜂"欢呼，可就算是它们的拥趸也必须承认，其中的意义着实有限；然而每年秋天，看到胡蜂相继死去，我们还是不吝赞美。撇开荒唐至极的偏见不论，有谁会不欣赏它们的手艺呢？瞧那熟悉的悬楼，大小往往抵得上一颗人头，一座座精良的纸屋，用唾液拌上木屑建成，悬在围栏上，挂在剥了皮的树枝下。我们看到层台累榭，空间得以尽用，通风完备无虞；一个紧凑的框架，由成百上千个巢房组合而成，足以和蜜蜂巢媲美；最外面是一系列的巢壳，既防雨，又防风。

　　有些生物学家说过，动物会建设性地利用自己体内的物质，而人类令身外之物为己所用。可这种说法未免失之偏颇，因为有很多动物更具冒险精神，毋庸置疑地使用了体外之物。如果没有这些先驱，人类想必成不了今天的人类。想想毛脚燕（House-Martin）和织雀（Weaver-Bird）这样的筑巢者，蜘蛛这样的织网者，白蚁和海狸这样的造屋者，蚁蛉（Ant-Lion）幼虫这样的陷阱挖筑者，蜜蜂这样的盖楼者，类人猿这样的铺床者，凡此种种，不一而足，别忘了还有蜜月期的园丁鸟（Bower-Bird），它们的修造堪称天工。这些生物展现的也许不是"艺术"，但毫无疑问，它们对材料的运用得心应手。塞缪尔·巴特勒（Samuel Butler）①宣称，动物的工具是自身的一部分，放也放不下，人类的四肢却能和自身分离。大体上看，这话言之有理。但一个活物刨

---

　　① 塞缪尔·巴特勒（一八三五年至一九〇二年），英国小说家、随笔作家和批评家。——译注

木头，不论是用工具，还是用大颚，都是在刨木头；而这是需要技术的。再说了，刨木只是修造胡蜂巢的第一步，平心而论，这远比很多人类建筑来得精细，足以给它的住客加分。

值得我们钦佩的，不仅仅是胡蜂的建筑，还有大家族、大集体的凝聚力，其成员有时达数千之众；再比如这种生物的力气：它能把有自己一半大的食蚜蝇（Drone-Fly）从地上抓起，提着它在空中飞行；还有它的本领：在投入空运之前切掉大昆虫的翅膀；再比如那种难以置信的力量：它能在你的自行车前一口气倒飞四百米；还有完美的效率（从人类的角度看，其益处不可限量），能用许多方式消灭大量的害虫，因为胡蜂是胃口很大的食肉者和食腐者，也是我们熟知的吸蜜者、食果者和偷吃果酱的家伙。

但是，我们还是告别这些熟悉的奇观，关注一下鲁博（Roubaud）[①]博士最近对非洲胡蜂的研究，看看他在这些胡蜂当中发现了怎样奇特的持家之道。它们没有冬天或年岁的中断，不像我们这儿的种群那样，受到北半球季节交替的严重影响，这就给我们带来了新的认知。广为人知的是，夏季的庞大蜂群中，只有受精的年轻蜂后才能活过冬天。它们找出有遮蔽的角落，比如茅草屋檐下这样的地方，用大颚固定身体，姿态奇异，好像它们还是蛹时在巢房里的样子，一觉睡到春天。

在蜜蜂和胡蜂当中，社会进化主要基于本能，其次基于智慧——秃鼻乌鸦这样的动物主要基于智慧，其次基于本能；我们的进化则略微基于本能，主要基于智慧，间或基于理性。有很多独居的胡蜂和独居的蜜蜂，在独居生活与蜂箱、蜂巢的生活之间，也有很多不同层级的社会生活，随便你用别的什么名称也行。在这些膜翅目昆虫的社群进化过程中，明显有两条分叉线——一条通向储存蜂蜜，而另一条通向捕食为

---

① 或为埃米尔·鲁博（一八八二年至一九六二年），法国生物学家和昆虫学家。——译注

生。储蜜体系发展的顶点是蜜蜂，经过多次渐变，终于抵达尽善尽美的境界；顺着这条线下到底，由于解剖学的原因，我们好像必须把独居的泥蜂（*Sphecidae*）包括在内，它们为幼虫储备麻痹了的昆虫和蜘蛛。捕猎体系发展的顶点是热带地区的某些群居型胡蜂，同时也有很多别的种类，至少是捕食型的蜾蠃（Eumenids）和蛛蜂（Pompilids），还停留在独居阶段。前文提到过捕食型的泥蜂可被归入蜜蜂一类，同样，有一类棒角蜂（Masarids）也可归入胡蜂科，尽管它们并不使用螫针，而且的确是素食主义者，幼虫是，成虫也是。在这两种体系当中，捕食系似乎更为古老，有人认为，储蜜的原因是某类胡蜂的毒素不适合保存动物性食物。不管怎么说，一个浅显的事实是，不管是储蜜的蜜蜂，还是吃鲜肉的群居型胡蜂，两条线都进化出了社会组织。植食类和肉食类竟然殊途同归！

在鲁博博士看来，胡蜂社会进化的第一章，是由某些泥蜂和蛛蜂写下的，在储藏室内，母亲为幼虫准备了一屋子麻痹了的猎物，但与幼蜂从此再无干系。它快速地储藏起保存完好的（而且是活的）肉食，工作便告结束。第二章可见于非洲的某些蜾蠃，它们的母亲日复一日，带着刚刚麻痹了的猎物回家，已经孵出的幼虫需要食物。到这儿便多出几分人情味，因为母亲和它的子嗣有了亲密的关系，它好像知道，这都是它自己的孩子。第三章的内容是弃用螫针，除非是要杀死天性不肯顺从的猎物，否则它们是不会使用毒液的。猎物或多或少会被咀嚼成浆，母亲自己吃一点，剩下的全放到幼虫身旁，到了这个时候，非常让人感兴趣的是，我们注意到，它的口器已经没有多少咀嚼的能力了。

但是，此时出现了一些非常奇异的特色，比如，幼虫唾液的分泌大幅增长，人类有时也会这样；唾液往往溢出口器，成了母亲眼中"特殊探究的对象"。正是这摊湿乎乎的东西，让胡蜂母亲陷入忘我的境地，正如婴儿的眼神，能让人类母亲怎么也累不垮一样。养育一只幼虫，要持续一段可观的时间，胡蜂母亲因此得以享受闲暇，这种方式不断演进，用于家庭的扩大。同时抚育多个后代，意味着更多的劳作，但也意味着更多的唾液，这是胡蜂母亲的长生不老药。鲁博的理论也许夸大了事实，他宣称，此种分泌物的诱惑力，实为胡蜂社会进化的首要因素。蜂巢为了"终极目标"（暂且不管这四个字代表什么），"合理利用着幼虫"，而其体系保证了源源不断地供应新生的胡蜂宝宝，因为只有小幼虫才会分泌长生的灵药。一种养分交换体制（雅称"交哺作用"）建立起来了，母亲和幼虫互惠互利。就像织叶蚁用自己的孩子做针线，胡蜂母亲从后代身上获取精神食粮，其意义大过了生活必需品，这一点对动物、对人，都是一样的。

对人而言，要和胡蜂建立起心灵上的共鸣，想必难于登天，因为我们和它们的生活方式迥然相异，用雷·兰克斯特（Ray Lankester）[1]爵士的话说，就是"小脑子"和"大脑子"、本能和智慧的区别，分属不同的进化路线。但我们斗胆断定，进一步的研究一定能够证明，鲁博博士的理论并不完全合理。我们可以说，被他夸大成主要动机的，不过是些小恩小惠和物质激励，而动物就是动物，这些东西说到底，也只是极为诱人的刺激物，用来激发动物的自我牺牲行为罢了。

我们已经知道，既有完全独居的胡蜂，也有来自群落的胡蜂。在两者之间，还有把巢筑得很近——但各建各的——的胡蜂，也有结伴冬眠的胡蜂。几乎可以肯定，这种合群性带来了安全上的益处，但要说就此发展到群居状态，那么可能性非常小。鲁博的观点是，群居生活始于"子代关联"。女儿们在巢中孵化时，母亲还在身边；如果储备充足，又有很多小妹提供仙露，姐姐们便情愿留在家中，与母亲一起承担养育工作。费尔赫夫（Verhoeff）[2]也已断定，胡蜂群落并非分组的结果，而

---

[1] 雷·兰克斯特（一八四七年至一九二九年），英国无脊椎动物学家和进化论生物学家，曾任自然史博物馆馆长。——译注

[2] 卡尔·威廉·费尔赫夫（一八六七年至一九四四年），德国多足虫学家和昆虫学家。——译注

是由于子代关联，而鲁博对此的补充（调子略有缓和），便是仙露让集体生活过得和和美美。必须记住，我们面对的是远古的风俗，胡蜂社会可以追溯到渐新世（大约两百万年前），因此比人类社会要古老得多。它们有大把的时间来做不同的尝试。

如果你对起源问题感到费解，那么不妨看看一种古老的群居型胡蜂，属铃腹胡蜂族（Belonogaster），它们的生活颇具启发意义。年景不好时，铃腹胡蜂的蜂后便重新遁入独居体系，每次只养育一只幼虫。日子好过一些，但不算太好时，留在家里的年轻雌蜂必须奋力工作，还要尽力节约食物，结果造成生殖力受阻。虽然受了精，卵却产得慢。它们继续帮助母后——几乎发展出一个"工蜂"阶层！这种多雌的或有很多蜂后的群落，只存在于温暖的国度，那里整年都可以筑巢。在寒冷的地区，群落永远是单配性的，也就是说，只有一只实际的蜂后。工蜂或多或少还是完全不育的。来年的蜂后是在当季临近结束时孵化出的年轻雌蜂，像我们此前所述，在安全的避难所里过冬。有趣的是，单配性社会很可能只存在于北方，而且是在相当晚近的时期发展起来的。受气候条件所迫，胡蜂才有了这样的发展。同样有趣的——尽管非常恐怖——是认识到胡蜂幼虫会在秋天遭到集体屠杀，因为继续抚育，它们也没有成活的希望，这和"交哺作用"并不相悖。无法继续产出仙露的小朋友不能白白地浪费，它们会被吃掉。正是它们提供的养分，让过冬的年轻蜂后能在很多天里不吃不喝，到第二年春天开始下一轮循环。总之，这是一种非常节俭的持家之道。

五　秃鼻乌鸦的叫声

秃鼻乌鸦呱呱的鸣叫是春天标志性的声音，让人心情舒畅。它充满活力，带着生命胜过死物的欢欣，因为在那摇曳的树冠、在那纤细的枝条上建造大鸟窝，可算得上一项真正的成就。呱呱声来自坚强的伴侣和嫉妒的双亲。这可不是什么不明所以的众声喧哗；这是大脑发达的生物在叫嚷，它们已经越过简单的聚居，生活在远非模糊状态的社会中了。我们也喜欢它们的叫声，因为这是春天顶早苏醒的声音。正像童谣里唱的：

> 枝头点点绿呀，
> 闪闪映晨光。
> 乌鸦声声唤呀，
> 春芽春芽快起床。

这些天我们一直在听秃鼻乌鸦的叫声，它们的词汇量肯定相当丰富。严格意义上讲，可能还不能称之为"语言"，因为语言是人类的专属，但秃鼻乌鸦是有"词语"的，像狗一样，特定的发音有特定的含义。我们突然走到树下时，乌鸦会叫出某些词，而有鸟闯入邻巢的地盘时，叫出来的就是别的词了；秃鼻乌鸦还巢时用的是这个词，离开群栖地、飞往田野时用的则是另一个。报警、训斥、满意、欢呼、责备、鼓励，什么样的叫声我们听不到呢？毋庸置疑，鸦科拥有聪慧的大脑和突出的发声能力，经过训练，可以发展到令人惊讶的程度，比如寒鸦和渡鸦；它们喉头（或鸣管）的肌肉组织神经发达，富于变化的能力，甚至超过了乌鸫和歌鸫这样大师级的鸣禽。专家告诉我们，秃鼻乌鸦能发出三十到四十种啼声，并能加以复杂的组合。在栖息地，度过了繁忙的繁殖季，夏天开始的时候，是欣赏它们的最好时节。"一支绝妙的组曲，"埃德蒙·塞卢斯（Edmund Selous）①先生在令人愉快的《观鸟》（Bird Watching）一书中写道，"多么精彩的粗哑和声。有胜利的呐喊、欢乐的絮语、满足的低颤、嘲弄的粗哑的号叫、愤怒的低沉的喉音，还有呻吟、抱怨、奚落、抗议、咋舌、尖叫、抽泣、狂笑，以及最为悦耳的咕哝。响亮，可还是咕哝，一种狂野、嘈杂、喧闹的咕哝；此时渐渐减弱了，柔和了，化作一支摇篮曲。我从来不曾听见过那样谐美的喧声，那样悦耳的雷鸣。"②

对这"榆树上的黑色共和国"，如果我们有更多的了解，就会更好地欣赏秃鼻乌鸦的叫声。它们的春天始于二月，因为此时求偶已经开始。对结婚多年的老两口来说，求偶不是一生只有一次，而是年年春天都会发生。它们似乎是遵守一夫一妻制的。在雌鸟面前，雄鸟时而昂首阔步，时而卑躬屈膝，展开双翼，打开尾羽。而且，正像吉尔伯特·怀特（Gilbert White）很久之前观察到的那样："繁殖季节的秃鼻乌鸦，心里高兴时，也试做歌鸣，但不太成功。"③不过，应该记下的是，唱歌、鞠躬和展开尾羽并不限于求偶的时候，任何激动或快乐的时刻都可能这样放纵心情。颇为有趣的是，据柯克曼（F. B. Kirkman）④先生记录，雄鸟有时给心仪的伴侣带去美味珍馐，而它"用颤抖的双翼和闷声

---

① 埃德蒙·塞卢斯（一八五七年至一九三四年），英国鸟类学家和作家，早年专攻博物学，后因厌恶出于科学目的杀害动物，而转为观鸟者，成为观鸟伦理的先驱，尤其反对捕鸟和收集鸟蛋。所著《观鸟》出版于一九〇一年。——译注
② 塞卢斯此处引用的是莎士比亚《仲夏夜之梦》四幕一场希波吕忒的话。朱生豪译文。——译注
③ 吉尔伯特·怀特（一七二〇年至一七九三年），英国博物学家、生态学家和鸟类学家。所著《塞耳彭自然史》出版于一七八九年。此句引缪哲译文。——译注
④ 弗雷德里克·伯纳夫·柯克曼（一八六九年至一九四五年），英国鸟类学家。——译注

闷气的感谢语"收下。在动物当中，爱情赠礼时有所见。这是仪式的一部分，意在激起雌鸟的热情，而在秃鼻乌鸦和很多别的鸟类身上，还有第二种表现形式，或许是主要的一种，即雄鸟给做窝的雌鸟和幼鸟带去食物。

求偶已毕，三月初便开始准备筑巢。经过一场彻底的春季大扫除，旧巢也可以重复使用，要不就另建新窝。众所周知，围绕着旧巢或新址的归属，往往争斗不休；有时还会遇到偷窃物料的事情。因此伴侣外出采集时，另一只鸟必须留下看守，劳动分工交替进行。非常值得注意的是，在主要群居地的外围，建在树上的鸟巢会频繁遭到破坏，仿佛集体感是由紧密的群居来维系的。一棵树上的鸟巢可以多达三十个，常见的则有十几个。鸟巢由干、柔两种树枝，加上泥和黏土筑成，里面软软地铺上草和树叶、头发和羊毛。最受喜爱的树有白蜡、榆树、山毛榉、欧洲赤松和美国梧桐；而反复观察可知，一棵树要是出现不安全的迹象，即便巢已建好，乌鸦也会放弃。弃树就成了厄运树，说起秃鼻乌鸦如何迷信，这可能也是一个原因吧。

乌鸦蛋从生物学上看很有趣，因为它们的颜色大不相同——也就是说，在相对安全的筑巢点，既然隐蔽与否无足轻重，自然选择也就不对变异设限了。产卵之后，临近三月末，鸟妈妈几乎不停歇地孵蛋，雄鸟偶尔与它换班。到了晚上，它们不再回到集体栖息处，那里通常远离结巢的地点；所有的秃鼻乌鸦都在自己巢边值夜。我们说的是"相对安全"，因为小嘴乌鸦（Carrion-Crow）和鸦科其他非群居性的成员常常发起突袭，有时还非常成功，足以让拥有集体保护的秃鼻乌鸦放弃结巢点。秃鼻乌鸦似乎称不上骁勇善战，不过小嘴乌鸦、冠小嘴乌鸦（Hoodie）和渡鸦对它们做的事，它们也会对鹭做。如我们所知，也许正是某种天生的软弱，让秃鼻乌鸦成了群居性最强的欧洲鸟类，因为除了时常给它们做跟班的寒鸦（Jackdaw）之外，同族的其他成员都是独居的和我行我素的。

巢里的三五个蛋孵化以后，家长的忙碌程度更甚以往，因为幼鸟胃口颇大。父母带回满嘴的蛴螬和金针虫，鼓鼓囊囊的，像袋子一样盖在舌头下；在这个时节，秃鼻乌鸦让农民大大受益，所以我们不该过分苛责它们在其他时候造成的破坏。柯克曼先生在其大著《不列颠鸟典》（British Bird Book）中，引用了菲尔·鲁宾逊（Phil Robinson）先生有趣的观察。起先，雄鸟只把食物交给雌鸟，雌鸟把它"加倍腌化后，再喂给宝宝"，到了后来，双亲都会喂养幼鸟。"但最不寻常的是，幼鸟从父亲嘴里接受食物时，不做任何表示，有时完全沉默，可是母亲只要一靠近，它们便放声欢唱。"我们很想对此有进一步的了解。人人都知道，秃鼻乌鸦不同于小嘴乌鸦，习性不同，颜色也不一样，一岁以后，喙后边的羽毛也会脱落，凡此种种，不一而足，但小嘴乌鸦幼鸟的口腔内壁总是淡肉色的，秃鼻乌鸦的则先是深肉色，而后再变成石板色，这是特异性如何贯穿某一物种的明证，让人眼前为之一亮。

我国很多地方都有这样的传统：复活节时饶有兴味地观看秃鼻乌鸦，因为人们相信，看它们飞行的姿态，听它们叫声里流露的情绪，便能得出关于未来的预示。但如今，大多数秃鼻乌鸦的观赏者都满怀兴趣，想了解它们的现在和过去了。鸟类学家常常就某些鸟类的"家庭生活"做出可敬而深入的研究，而我们希望，他们当中能有一位，也能就秃鼻乌鸦做一番详尽而严谨的研究。令人大感兴趣的地方实在是太多了。像很多大脑发达的动物一样，秃鼻乌鸦也有些行为，我们必须称之为游戏，如蹦蹦跳跳和战斗演习，或是嬉嬉闹闹和狂野的追逐。奇怪的是，对这些活动，寒鸦和凤头麦鸡（Lapwing）有时也会生出极高的兴致。人们常常声称，秃鼻乌鸦会委派哨兵，可谁又知道其中的奥妙？它们那所谓的"牧师神态"，得益于脑袋上的白色，给外露的幽默平添了笑料，它们的聪慧则毋庸置疑。时而可见乌鸦大规模聚集，可谁又能参透个中的意味，谁又能告诉我们，对违反群体习俗的个体进行所谓的"审判"，这种说法到底有没有真凭实据？有趣的是，秃鼻乌鸦是半迁徙鸟类，每到春秋两季，都有数量上的大起大落，而在九月份，我们看到它们从营巢点向群栖地转移，或许就与此有关。一处营巢点的鸟巢可能远远超过一千个，而同一个地点可以使用一百年以上；有些数据非常有意思，比如休·S. 格拉德斯通（Hugh S. Gladstone）[1]先生关于邓弗里斯郡的统计，从中可见老营巢点不断衰落、新集群兴旺而起的过程，再比如，通过城镇当中圈起来的营巢点，可以发现近乎埋没的我国走向城市化的证据。但最让人感兴趣的，还是秃鼻乌鸦对不无戒律的群体生活的追求，对密密麻麻的鸟巢的向往，我们从中看到一种社会遗产的开始，它是连续性的，忠实地记录着传统。

---

[1] 休·S. 格拉德斯通（一八七七年至一九四九年），苏格兰博物学家和作家。——译注

六　布谷鸟①的谜题

我们从各处听到传言，说今年（一九一六年）夏天到访的鸟类数量将少于往年，考虑到战争②对空气等造成的扰动，如果这是真的，我们也不该惊讶。但是五月底，有幸身处达尔马利村（Dalmally）和奥湖（Loch Awe）③附近的人，没有谁不会对布谷鸟庞大的数量刮目相看。不管别的夏季访客有没有减少，最起码布谷鸟是全体到场。它们好像遍地都是——在路边的树篱、桦木丛、杨树（其迟开的叶芽刚刚绽放成琥珀色的树叶）上，在高沼上空通往因弗雷里（Inveraray）的电线上。雄鸟终日兴奋地大叫——使人想起黎里（John Lyly）④笔下"欢快的布谷鸟"。才早晨五点，我们就听见，它"向一座座山丘通报自己的大名"，叫声一直持续到深夜。在滂沱的大雨里，我们听到"游荡的声音""很远，同时又很近"；雨骤风狂，滚滚的雷声在本卢伊群山（Ben Lui）之间阴沉地回荡，可我们还能听见那压不住的呼叫，有的双音节，有的三音节："布——谷"和"布——布——谷"。有个伙计大概连叫了十三次，我们要是数错了，那准是听岔了回音或对唱；时不时地，我们听到雌鸟"水泡泡"一般的古怪笑声（都知道它是不说"布谷"的），接着传来响亮的回应，然后我们便看到两三只雄鸟急急赶来，或许随后就是一场混战。笑声未必只限于雌鸟，也不能和雄鸟叫出"布——布——谷"之前常常发出的怪声混为一谈。柯克曼先生将它比

---

① 中文学名为大杜鹃，繁殖期间常栖于高枝发出"bu-gu"叫声，故俗称"布谷鸟"。——译注

② 指欧洲正在进行的第一次世界大战。——译注

③ 达尔马利村和奥湖均位于苏格兰的阿盖尔-比特区。——译注

④ 约翰·黎里（一五五三年或一五五四年至一六〇六年），英格兰作家、诗人、戏剧家和朝臣。——译注

作"一个老是粗声咳嗽的人想憋住笑,却还是笑出了声"。

关于布谷鸟,有个谜题不断出现在我们的周末假期,一只小鸟[我们只能说它看上去像林岩鹨(Hedge-Sparrow)]常常在布谷鸟飞行途中加以跟随,有时还会气势汹汹地对飞。布谷鸟和小鸟同时落到电线上时,就再清楚不过了。短暂的停顿之后,盯梢者会迎面飞向布谷鸟——好像小不点冲向巨无霸。每到这时,诗人口中的"福鸟"便会换个落脚点。这种一再重现的场面引出了疑问,不知道小鸟是不是寻仇的家长,因为布谷鸟在人家巢里耍了它众所周知的把戏。或者类似于我们在别处所见,一群小鸟围攻一只布谷鸟,往往是因为把它错认成了老鹰?个中的缘由仍然令人费解。

华兹华斯称布谷鸟为"一团神秘"①,它的行为确实带来了很多难题。难上加难的是鸟妈妈逃避孵蛋。众所周知,它一般在地面下蛋,衔在嘴里(有时放在舌头下面),再携蛋飞往事先选定的其他鸟巢。有时,要是鸟巢合适,它干脆直接在里面下蛋,但这往往行不通。它行事总是非常麻利、谨慎、鬼鬼祟祟。大量证据显示,每只布谷鸟都循例固守同一种巢,虽然记录在案的养父母超过一百种,但心仪鸟种的名单不是很长,其中包括林岩鹨、白鹡鸰(Pied Wagtail)、草地鹨(Titlark)、林鹨(Tree Pipit)、欧亚鸲、苇莺(Reed Wren)、莺(Warbler)和伯劳,等等。只要不出大错,养父母都会孵化入侵的蛋,并抚养小布谷鸟,小家伙则会确保两口子没有别的嘴要养活。布谷鸟父母据信对自己的后代毫无兴趣,在幼鸟会飞之前一到一个半月,它们就离开我们的海岸,到南方去了。"寄生"很有效,对大杜鹃来说也不例外。谜团有哪些可以解开了呢?

有三种因素,使得逃避孵蛋不像乍看上去那么费解。首先,这不

---

① 威廉·华兹华斯(一七七○年至一八五○年),英格兰诗人。《致布谷》是他的名作。"一团神秘"引杨德豫译文。——译注

是孤立的现象。其他多种杜鹃和没有多少亲缘关系的牛鹂（Cow Bird）也这样。东半球的一些杜鹃属恪守常规，筑巢孵蛋；一般而言，黑嘴美洲鹃（Black-Billed Cuckoo）也是个能正常筑巢、孵蛋的家长，只是偶尔在别的鸟巢里投蛋；至少有一种北方中杜鹃（Oriental Cuckoo），在甲地搞寄生，到乙地筑巢；还有很多实例，显示出多种鸟类都会大大咧咧，把蛋下在邻居的巢里。因此，布谷鸟对父母正常义务的逃避并非孤立现象。同样不无教益的是，要记住，寄生的本能不总是完美的。已有很多记载，表明布谷鸟把蛋放进了完全不合格的鸟巢，比如不喂食昆虫的鸟巢。第二种因素是，布谷鸟妈妈的行为，与这种鸟本性和癖好中某些别的特性是一致的。比如，雄鸟远远多于雌鸟（有时可达五比一），一雌多雄因此理所当然，牛鹂也是如此。用一雌多雄来解释寄生行为，也许太过鲁莽，但它确实会导致亲子关系的减弱。反正不管怎样，寄生行为适应了一雌多雄制。同样，布谷鸟极强的生育能力（有人认为它能下二十枚蛋，不过十来枚也许更接近事实），既有可能是为了适应寄生习性的风险而进化出来的，也有可能是寄生习性的原因。不过，尤其值得重视的，是断断续续的下蛋过程，因为布谷鸟妈妈似乎每隔一天下五到七枚蛋，然后停止，短暂间隔后，再下第二窝的四五枚蛋。这肯定不适合亲自孵蛋，与寄生习性倒是相得益彰。还有，成年布谷鸟要吃大量的毛毛虫，而一过仲夏，虫就变得稀少了，所以早早迁徙，把对幼鸟的照料义务交给别家，是有经济上的原因的。第三，不过，如果我们采纳赫里克（F. H. Herrick）[1]教授的观点，那么在这个问题上，就有可能得到最合理的解释。他认为，布谷鸟之所以失去筑巢的本能，要归因于无规律的生活周期节奏——一种在不同动物中表现各异的生活常规。这种与生俱来的变化，其源头深藏于生殖细胞，可以抑制一种行为，助长另

---

① 弗朗西斯·霍巴特·赫里克（一八五八年至一九四〇年），美国作家、博物史插画家、鸟类学家和西储大学生物学教授。——译注

一种行为，故而一种鸟会筑多余的巢，另一种却完全跳过筑巢这一步。对很多鸟类来说，生蛋和筑巢之间缺乏协调往往事出偶然，可这在布谷鸟身上却成了惯例，因为它符合布谷鸟某些独特的习性，也因为它的确行之有效[①]。

　　另外的一大谜题，则关系到布谷鸟的蛋。它们颇为适合自身奇妙的孵化过程：尺寸相对较小（尽管个体间的大小差异相当大），有厚而结实的外壳，但更引人注目的是，在很多情况下，比起选定的养父母自己下的蛋，它们好像同出一门。阿伯丁大学上佳的"芬顿藏品"（Fenton Collection）是专门用于收集鸟蛋的，其中的布谷鸟蛋有四百多颗，采自五十余种不同的养父母巢，给人的直接印象有两种：第一，布谷鸟蛋往往是养父母蛋的完美复制品；第二，它们通常很扎眼。现在几乎可以肯定的是，同一只布谷鸟会一直产同一种蛋，而且牛顿教授的理论很有可能是对的，比如说下蓝色的蛋，这在某个家族中可能是遗传，而在同一家族中，也许还存在着某种遗传倾向，让它们把蛋放进红尾鸲（Redstart）的一窝蓝蛋当中。如果布谷鸟行事匆忙，或是出于紧张，也许会把蛋下到不合适的窝里，这样做往往也能大功告成，很可能是某些种类的鸟相对别的鸟而言，对入侵的蛋不那么敏感。因此，在林岩鹨蓝色的蛋当中，发现一枚蓝色的布谷鸟蛋是非常罕见的，而布谷鸟蛋和鹟鹩蛋之间也不存在"拟态"现象。

　　关于布谷鸟，还有一个重大的谜题，涉及幼鸟在巢中的行为。詹纳（Jenner）[②]一七八八年的观察，已经得到了好几位博物学家的证实。他当时非常仔细地注意到，小布谷鸟身上还没长毛，眼睛也还看不见，就开始想方设法，把自己的身子放到一枚蛋或一只雏鸟的下面，通过向

---

① 参见约翰·阿瑟·汤姆森著《生命的奇迹》（The Wonder of Life，梅尔罗斯社，伦敦，一九一四年），三一五页。——原注

② 爱德华·詹纳（一七四九年至一八二三年），英国医师和解剖学家，以研究、推广牛痘接种以预防天花而闻名。——译注

后抽搐，把蛋或雏鸟推到巢外面去。对于弱小的幼体来说，这真是惊人的努力，随之而来的是极度的疲惫。可是，经过休息之后，如果有必要，小布谷鸟可以再次发起驱逐行动。前不久，法国鸟类学家拉斯帕伊（Raspail）[1]在法国动物学协会朗读了一篇论文，再次提起"詹纳的传说"经常引发的怀疑。他对一些伪造的所谓驱逐照片予以猛烈抨击，指责博物学家的轻信，并认为在出壳后的六天里，小布谷鸟不可能将任何东西推到巢外。照拉斯帕伊的说法，真正的情况是，布谷鸟妈妈一直关注着它寄养在外的孩子，并通过把蛋或雏鸟叼出巢外，为它腾出空间。确实，布谷鸟把自己的蛋放进巢里时，偶尔会啄破、吞下或叼出一枚或多枚人家的蛋。尽管拉斯帕伊的描述要视环境而论，但我们还是坚持牛顿二十年前的说法："不要以为布谷鸟自身对它强加给受害者的蛋或其产物的未来福利有什么兴趣，因为这种断言都是没有证据、根本不值得注意的。"有时，养父母会把破损的蛋或小布谷鸟无意识闷死的雏鸟移走，这种情况是有可能发生，但说到詹纳的描述和布莱克本夫人（Mrs. Blackburn）[2]的画作——小布谷鸟用武力清除鸟巢，这一点大体上是准确的。可是把它称为"罪犯"或"杀手"就错了，因为它不知道自己在做什么。它有一种本能的驱逐能力，而这很有可能是某些特异性发挥了作用、产生了一连串影响所造成的，没那么神秘。就像有的孩子不能忍受被人触摸一样，小布谷鸟对特定部位，比如身体两侧的压力也非常敏感。对它来说，过于狭小的鸟巢会不可避免地造成某些压力，而它的反应便是向后急退，或手脚并用，一抽一抽地做推地动作。在亢奋之下，娇弱的雏鸟表现出看似难以置信的力量。不管怎样，它把鸟巢据为己有，而养父母似乎颇为这大得不同寻常的宝宝而骄傲。这孩子的胃口让它们有得忙哩。

---

① 格扎维埃·拉斯帕伊（一八四〇年至一九二六年），法国医生和鸟类学家。——译注
② 杰迈玛·布莱克本（一八二三年至一九〇九年），苏格兰田园画家，以一八六八年出版的《自然中的鸟类》第二版最为著名。——译注

七　蛙年

谈到咱们英国的林蛙（*Rana temporaria*），加多（Gadow）[1]博士写道："除了人类之外，没有任何动物像这种蛙一样得到如此之细的研究，拥有如此之多的入门读物和教科书。可尽管如此，我们对它的了解还是很少。"因此我们也许会有兴趣，留意一下它在一年当中惯常的生活周期。在苏格兰，通常是在三月，青蛙离开冬居，从或近或远的地方出发，前往静止或缓慢流动的水体。在《剑桥自然史》（*The Cambridge Natural History*）中，加多笔下的冬居"大多是地上、苔藓下或泥巴里的窟窿"，而拉特（O. H. Latter）先生在所著《一些常见动物的自然史》（*Natural History of Some Common Animal*）中谈到，我们的林蛙冬眠时，"有些是在窟窿和排水管里，有些在池塘底部的泥巴里或泥巴上"。布伦杰（Boulenger）[2]博士在其雷学会[3]出版的专著中说，"许多雄蛙在水底冬眠"。这样看来，在非常广泛的活动范围内，随着地域不同，林蛙的习性也有相当大的变化，其中一些远离水体，在遮风挡雨的隐蔽处过冬。应当注意的是，林蛙的近亲，普通的食用蛙或水蛙（*Rana esculenta*），习惯于在池塘的泥浆里度过冬天，而在其他一些蛙种中，雌蛙到了冬天，会藏到苔藓下或树叶之类的东西里，雄蛙则躲进潮湿的泥浆。冬蛰（"冬眠"一词也许还是留给哺乳动物用吧）的

---

[1] 汉斯·弗里德里希·加多（一八五五年至一九二八年），德国出生、在英国工作的鸟类学家。——译注

[2] 应指爱德华·乔治·布伦杰（一八八八年至一九四六年），英国动物学家，曾长期担任伦敦动物园水族馆的馆长。——译注

[3] 雷学会是英国的一个科学出版组织，以十七世纪英国博物学家约翰·雷命名，主要出版植物学和动物学著作。——译注

内部经济是非常有趣的：生命之火闷烧着；不进食；保持最低限度的能量消耗；慢慢用尽储存在肝脏和"脂肪体"内的储备；呼吸回到了原始模式——通过遍布皮肤的血管。

虽然长期禁食，蛙却安然无恙。随着冬天的消失，它们也活跃起来，开始在池塘配对，经常选在很不合适的地点，卵产下后很快就会搁浅。雄蛙呼唤配偶，它们哇哇叫的本领（靠着喉头的声带）因为一对内声囊而得到了增强。声囊位于两口角后方，充气后向外鼓起。雌蛙的声囊不发达，它们很少发声，自然也不会对雄蛙求爱的小夜曲做出声音上的反应。不同蛙种的鸣叫存在着惊人的个性，即使是早春林蛙沉闷的咕噜咕噜声，我们听到时也不可能不感到一种激动，这种感受比再晚些时候听到布谷鸟飘忽的音波时更为深切。因为除了昆虫的器乐外，在动物进化过程中，最先打破大自然沉默的声音，就是两栖动物的鸣叫了。声音的主要功能或许是性呼唤，而这几乎是蛙鸣唯一的用途。繁殖季节结束后，雄林蛙差不多就和雌蛙一样沉默寡言了。这难免让人想到声音在高等脊椎动物身上的次要用途：保护和培育幼仔，表达痛苦和快乐，传达社会性的消息。霍姆斯（Holmes）①教授所写的《动物行为研究》（*Studies in Animal Behavior*，一九一六年）颇为有趣，他在书中指出："脊椎动物在声音上的进化无疑在很大程度上影响了听觉的进化。因此，要说声音的进化，以及它对心智进化的巨大影响，是性别分化的副产品，可能并非无稽之谈。"

在这方面值得注意的是，蛙的大脑不发达，当然也受到"冷血性"的限制，使它多变的体温总是接近即时的环境温度，尽管如此，到了交配季节，它们还是会受到深刻的影响。在水里还有冰块的时候，在这些动物还没结束禁食的时候，配对和产卵可能就已经发生了！雄蛙不仅有声囊，第一指上还有个奇特的、膨大坚硬的四瓣体婚垫，它就用这东

---

① 塞缪尔·杰克逊·霍姆斯（一八六八年至一九六四年），美国动物学家和优生学家。——译注

西死死地抱住配偶。它整个皮肤都会有很大的变化，常常呈现出美丽的蓝色光泽。雌蛙皮肤的特征也会发生变化，它会散乱地披挂上白色或淡红色的针头状珍珠，作为装饰。有时抱接对雌蛙来说是致命的；有时林蛙在产卵结束后就钻进泥浆，休息大约两个星期，然后动身去夏居。

卵胶膜包裹着林蛙的卵球（一只雌蛙可产卵两千颗），相当于鸡蛋里的蛋白，用途很多。首先，一团团卵块很容易沉入池塘的水底；但卵胶膜会迅速膨胀，某种气泡（可能是周围水下植物释放的氧气）帮助它们浮起，让大团的卵块升到水面。卵胶膜还围绕着正在发育中的卵，形成了有弹性的垫子；它们既难吃又滑腻，让胚胎免受敌人的伤害；它们还减少了干旱的风险；也许，每个水晶球都起着小玻璃屋的作用。在球与球之间的空隙，常有微小的绿藻，在阳光下释放出氧气，因而具备有益的增氧功能。蛙卵还有一种微动物群，可以在幼体准备脱膜时帮助松动胶膜。卵上半部的黑色素似乎有助于吸收热射线。在一般情况下，幼体在生命开始约三周后——也就是说，在卵产下的同时受精后——便开始在卵膜里活动了。

刚孵化出来的幼体是一种奇特的半成品小生物——无口，无肢，无眼，浑身布满细微的纤毛，只有第一组鳃的雏形。它们用马蹄形的吸盘附着在水草上，靠着余留的卵黄生存一段时间。经常有故事讲到这些刚孵化出来的幼体怎样发育成真正的蝌蚪，出现口、鳃裂和第二组鳃；四肢怎样长出；肺怎样发育，两个月大的蝌蚪怎样学会使用肺，到水面上大口地呼吸空气；循环系统怎样从似鱼型转变为两栖型；蝌蚪又是怎样在将近三个月后，通过惊人的变态，变成一只小青蛙。尾部的成分分裂，溶解，好像一种已经常态化的病理过程；在炎症当中起重要作用的阿米巴样吞噬细胞，在把蝌蚪变成青蛙的过程中也有自己的一份贡献，此时充当了工兵和矿工，又起到搬运工的作用。口完全改变了特性；很小的舌头显著增大；一直位于皮下的眼睛终于露出于皮肤表面。小青蛙该上岸了，不然就会淹死。实验证明，即使是普通的水蛙，在水下生活的时间也不能超过十分钟，当然，在冬季沉入水下的蛰伏状态除外，那时因为生命力的减弱，对氧气的需求也降到了最低。

在这一连串我们熟悉的活动中，有很多格外有趣，它一方面是类群进化过程的重演，另一方面也体现出特异性。例如，毫无疑问，小蝌蚪和大多数鱼类一样，心脏只有两腔，也像鱼一样是单循环。这听起来像是重演。然而蝌蚪的两组鳃与普通鱼类大相径庭，它的皮肤自始至终也都是两栖动物的皮肤。这就是特异性。舌是个绝佳的示例，起初它像鱼舌一样不能活动。渐渐地，蝌蚪舌上的肌纤维增多了，为高度发达的肌肉组织打下了基础，从而让林蛙的舌能像翻筋斗似的射出，捕捉没有防备的苍蝇。另一个有启发意义的普遍事实，就是同一个基本难题的不同解决方法所体现出的连续性。不同呼吸方式的先后顺序非常显著。刚孵出的幼体用皮肤呼吸；然后发育出三对所谓的外鳃；然后口形成浅凹，鳃裂从咽向外张开；然后形成鳃腔，第二组鳃取代第一组鳃；然后鳃和肺同时使用，就像肺鱼（Dipnoan）的情形；最后小蛙完全长成时，是用肺呼吸的，必要时还可以指望皮肤。饮食方面的变化同样引人注目。

但是，当这些难以捕捉的蝌蚪在相对安全的水生生物环境中发育时，它们的双亲一直在危险的陆地上生活。四月或更早的时候，老蛙从池塘转战草地、树林和田野，在这些地方捕食昆虫、蛞蝓、蠕虫和小鱼，它们要动起来才能激起蛙的兴趣。这一年新生的小蛙在六七月间随后而至，常常是从水塘大量迁居过来。围绕着它们的突然出现，已有不少的"蛙雨"故事，要是听到还有人把这种事说成是"下猫狗雨"时，我们笑得合不拢嘴也大可不必。成群的小林蛙，个个身长不足一点三厘米——比蝌蚪短得多——偶尔会非常密集，要是碰到它们横穿马路，我们发现，如果不从它们身上踩过去，简直没办法走得通。

在田野，它们尽情享用昆虫大餐，不断成长——但不是很快。每隔一段时间，它们就会蜕皮——也就是说，最外面的、通常磨损得很厉害的表皮层，沿着背部的中线裂开，然后脱落。林蛙应该是把蜕下的皮塞进自己嘴里了，这似乎是个不错的习惯，为节约树立了一个好榜样。它们有可调节的保护色，这在棕壤或绿草的背景下，往往给它们披上了一件隐形衣。但尽管如此，我们的林蛙还是会成为猛禽、白鼬和水游蛇等很多敌人的牺牲品。因此到了深秋，便只剩下一小部分年轻移民能踏上返程了。此时它们差不多有两厘米长。由于林蛙在三年内不会成熟，所以有些幼蛙很可能会到远方合适的地方过冬。但亨佩尔曼（Hempelmann）①博士最近（一九〇八年）写了一篇出色的青蛙专论，就我们一直在讨论的这个物种说，成蛙通常会在入秋后再度寻找水体，到了那儿就钻入泥浆，度过大约四个月的冬天。无论冬居的实情如何，青蛙这一年也都称得上历尽沧桑。至于它最后能活多少年，我们就不知道了。

---

① 应指弗里德里希·亨佩尔曼（一八七八年至一九五四年），德国动物学家和莱比锡大学教授。——译注

八 蜗牛的可教育性

已经证实的是，一只普通的庭院蜗牛能从五米五或更远的地方，穿过艰难的地形，找到回家的路。根据记载，有一只蜗牛平时整天待在离地面约一米二高的花园墙洞里，有几个月的时间，它利用一片从芳草坛向上斜倚到洞口附近的木头，作为夜行梯。达尔文在《人类的由来》（ *The Descent of Man* ）中，提到过两只罗马蜗牛（ Roman snail ）的事例：一只病弱，另一只强健，有人把它们放在一个供应条件很差的院子里。强健的那一只翻墙，去了隔壁的院子，那里有丰富的食物。它消失了二十四个小时，但就在人越来越怀疑它抛弃了自己的伙伴时，它回来了，没过多久，两只蜗牛双双消失在了墙外。这位探险家翻越陡峭的群山，告诉病人它找到了黄金国，这种事的可能性太低了，但返回起点的情形与别的观察结果倒十分吻合。很有可能的是，沾有黏液的足迹发出的气味有助于寻路，尽管好像还不能确定普通蜗牛身上的哪个部位负责嗅觉。但除了"归巢"的证据和一些得益于经验的例子（如水蜗牛重访以前生活过的水族箱这种有效行为），到目前为止还没有什么依据来回答这个问题："蜗牛能学习吗？"但是现在，伊丽莎白·洛克伍德·汤普森（Elizabeth Lockwood Thompson）小姐所做的一系列极其仔细的实验，已经提供了一个令人满意的答案［《行为学专题研究》（ *Behaviour Monographs* ），三卷三号，一九一七年，麻省剑桥］，令人鼓舞的是，答案是肯定的。连虫子都会翻身[①]，连蜗牛都会学习，谁能给教育设限呢？

---

① 英国民谚。——译注

汤普森小姐研究了一种普通水蜗牛（*Physa gyrina*）的学习过程，它们习惯于在池塘里滑动，口和腹足向上，悬浮于水表膜。她所用的研究方法，是对俄国著名生理学家伊万·彼得罗维奇·巴甫洛夫[1]做过的一个著名实验加以明显有独创性的修改。狗看到或闻到食物就会流口水，而分泌物的数量和质量都是可以测量的。巴甫洛夫把食物的初级刺激与某些声音或颜色联系在一起，一段时间以后，狗就彻底掌握或记住了这种联系，结果只凭声音或颜色本身就能起到唤起口水的作用。可以说，影子像实物一样起了作用——有点像看到菜单就能适度地起到开胃作用一样。汤普森小姐观察到，用一小块食物，如莴苣，触碰蜗牛的口周时，会出现一定次数——以四次为常见——的快速口器运动，实际上是张开和闭合。以实验逻辑论，这些运动显然对应着巴甫洛夫的狗流口水。

下一步是找到一种切实可行的次级刺激，后来用的是，拿干净的玻璃棒压住蜗牛的脚或腹足。这通常不会引起任何口器运动，极少数很容易解释的情况除外。下一步是同时施加两种刺激，用食物触碰口周，用玻璃棒按压腹足。有一段时间根本没有回应。试了六十到一百一十次后，蜗牛们才开始回应，而一旦跨过这道坎，在总共二百五十次试验中，剩下的所有部分，它们便都做出了回应。不过值得注意的是，有一次回应，口器运动的次数没有达到只用食物刺激时所表现出的那么高的平均值。对同时使用的两种刺激做出正常回应的蜗牛被认为是"训练有素"，从而为实验中关键的下一步做好了准备。训练完成后四十八小时，实验者开始尝试单凭按压腹足来刺激蜗牛。在前七次试验中，班里的优等生马上给出了正确的口动回应；另外两次回应是在训练结束后九十六小时给出的。班里其他的学生也有同等的表现，但过了九十六小

---

[1] 巴甫洛夫（一八四九年至一九三六年），一九〇四年诺贝尔生理学或医学奖的得主。他用狗所做的条件反射实验是在十九世纪九十年代完成的。——译注

时后，就再没有一只蜗牛能做出回应了。拒绝应答有其突然性和决然性，进一步的实验表明，这与疲劳没有必然联系。

实验做了很多组，其一丝不苟值得高度赞扬，在其中一些实验中，每一次回应都令人感兴趣地出现了口动次数的逐渐减少。系列试验进行到接近中途时，一次回应的口器运动次数达到最大值，此后，次数便逐渐回落，直到系列试验结束。这表明，蜗牛正在适应一种不会带来任何奖励的刺激。但总的结果显然是非常有意义的，尤其是考虑到实验对象是相对较为低等的生物。本来对按压腹足没有口部反应的蜗牛，深受同时按压腹足和食物触碰口周的影响，结果对按压腹足做出了口部回应。同时刺激训练的效果在训练停止后持续了九十六个小时。蜗牛学到了一课，但经验的留驻，即心理语言层面上的记忆，是短暂的。

对淡水蜗牛有所了解的人，可能会认为汤普森小姐的学生格外听话。因为捕获的标本通常受到最轻微的挑动——甚至只是轻轻摇一下水族箱——都会排出外套膜腔的空气，缩回壳中，然后沉入水底，可能闷闷不乐地在那儿待上一个小时。汤普森小姐意识到这种紧张的情绪会使实验变得不可能，于是开始"驯化"她的俘虏，每隔一段时间，就把它们拿到手里，在水下活动，直到它们从壳里露头；这样做的次数多到一定程度，一直到它们习惯了，观察者能触碰它们，或是把它们从一个盘子移到另一个盘子里，它们都不会缩回身体或排出肺里的空气。这种"驯化"进一步证明了蜗牛的适应性。

说到动物的可教育性，我们已经通过使用简单的迷宫，获得了非常有意思的数据，做法是每隔一段时间就把动物放进迷宫，看它们在获得经验的过程中，是否能更快地从中脱身。观察者发现，奖惩在很多情况下是有用的：对迅速走出迷宫的给以奖励，如食物，对走错路的给以惩罚，如轻微的电击。这些实验大多是用高级动物做的，如猫和鼠；汤普森小姐花了很多时间和心思，来探询是否可以对迷宫实验做些调整，好让它适合淡水蜗牛。在其中一种实验里，她把一个丫字形的玻璃管固定在水族箱的底板上。一条支管内壁做得很粗糙，到了上端，蜗牛会受到电击，粗糙意在"警告"。光滑的支管通向水面，可以获得新鲜空气——这本身就是足够的奖励。实验的内容是把蜗牛肺里的空气压出去，然后把它放到所谓迷宫的底部。对蜗牛来说，尽快让自己的肺充满空气是很重要的，爬进光滑的支管就能达到目的，爬进粗糙的支管则会错失目标；失败将通过适度的惩罚加以强调，也就是挨一下轻微的电击。可这实验的结果却表明，根本没有吃一堑长一智这回事。错误的比例并没有随着一系列试验的延长而减少；事实上，有时情况非但没有好转，反而变得更糟了。

通过一组有趣的实验，一种形成联想的能力展示出来了，但恕我直言，这种能力接下来却不了了之。两根支管都是光滑的，但错误的通道上有一根讨厌的毛发，起着警告牌的作用，用来触碰蜗牛的触角和后脑勺。警告完以后，蜗牛如果坚持走错误的道路，马上就会受到电击的惩罚。在总共九百三十次实验当中，有百分之十五点六的实验显示，蜗牛在接触到警告的刺激，但还没遭电击或惩罚时，就改变了错误路线，走上了正确的道路。这看上去像是吃一堑长一智了，但蜗牛在接下来走出迷宫的努力中，并没有表现出利用这一点的能力。选择的能力显然是缺乏的。汤普森小姐令人钦佩地指挥了这次研究，有趣之处一部分在于它巧妙的方法，一部分在于它让一个非常没有成功希望的课题显示出了可教育性。我们在此讨论的是一种处于萌芽阶段的品质，它关注的是那些没有通过本能行为而预先装备了现成能力的大脑，雷·兰克斯特爵士把这种品质称作可教育性，也就是能学习的品质。

九　贝壳崇拜

对于儿童和那些童心犹在的人，对于艺术家和总体上不谙世故的人，贝壳总是有着强烈的吸引力——谁会感到诧异呢？因为贝壳有流动的线条、歌唱的形体、旋律般的颜色。每一个都是毕生的建筑作品，出自一个非常复杂却又和谐统一的生物；每一个都是经得起时间考验的建筑成就。每个软体动物都在房子里表达自己（人类很少这样做）；它也经常以一种有趣的个人方式，在壳里记录生命中的某些危机，就像一棵树在年轮上记下一个大旱的夏天或一个早霜的秋天。看着一盒不同种类的宝螺（cowrie）、圆锥体或橄榄体，有一种十足的感官愉悦；研究这些与环境相容的建筑，则有一种更高的、知觉上的赞赏，因为它们建筑师的设计是梦想而不是思想。在间接的感觉里，有一种甚至更微妙的满足，因为生命胜过了物质，很多贝壳，如鹦鹉螺（Nautiloid），都很好地证明了这一点；但除了这些因素之外，在贝壳给我们带来的喜悦里，有没有一些回声，响应着它们在很久以前对我们祖先精神框架的影响呢？孩子把贝壳举到耳边，听着信以为真的海洋回声。他听到的是交感共鸣，那是贝壳从外部空气的喧嚣里所选择的振动，不过也有人说，有少许是由于内部的振动，原因是脉动的血管和绷紧的肌肉。但我们很想知道，在这熟悉的儿童体验里，有没有一种非常古老又非常普遍的、种族习俗回声般的再现？因为对贝壳的崇拜可以追溯到遥远的古代，千百年来，淳朴的民族在海螺壳里聆听神的声音。

人类史的学生历来对贝壳兴趣盎然。威尔弗里德·杰克逊（Wilfrid

Jackson）①先生学识渊博的著作《贝壳作为早期文化迁徙的证据》
（*Shells as Evidence of the Migrations of Early Culture*，一九一七年），
给我们提供了一份启示，这是曼彻斯特大学的人种学出版物之一。埃利
奥特·史密斯（Elliot Smith）教授为这本科研报告贡献了一篇颇有见地
的介绍性文章，帮助我们理解贝壳在易受影响的人类青年时期对人性的
控制。如他所说，这也让我们对奥弗林神父（Father O'Flynn）的知识
成就奇特的逻辑顺序有了新的理解——

> 搞完神话学，再搞神学，
> 讲真！若他有心涉猎，还有贝壳学。②

　　很多情况下，在我们看来，但凡生物或其产物强烈地吸引了人类，
都有三种因素起了作用——实用、审美和想象力。贝壳当然也是这样。
在世界的大部分地区，淳朴的民族都把各种有壳类水生动物用作食物；
这种情况当然还在继续，无论是被赫胥黎（Huxley）③喻为"味觉上突
现的夏日闪电"的牡蛎，还是价格低廉、吃起来无须愧悔的滨螺。而除
了食用和拿软体动物做诱饵外，已经证明，很多贝壳是对人类有实际用
途的工具或零件。其次，贝壳的装饰价值或激发情感的作用，在世界各
地都是公认的，贝壳制成的腰带和珍珠项链同样以大美见长，这两种优
点无疑都因货币和其他关联而得到了加强。第三，几乎可以确定，一些
有感染力的、富于想象的暗示，也许一开始颇为异想天开和随心所欲，

---

① 约翰·威尔弗里德·杰克逊（一八八〇年至一九七八年），英国贝壳学家、考古学家和地
质学家。——译注
② 杰里迈亚·弗朗西斯·奥弗林（一七八八年至一八三一年），爱尔兰天主教神父。引文出
自爱尔兰诗人阿尔弗雷德·珀西瓦尔·格雷夫斯所写的歌曲《奥弗林神父》。——译注
③ 指托马斯·亨利·赫胥黎（一八二五年至一八九五年），英国生物学家和达尔文进化论的
积极捍卫者。——译注

赋予了某些贝壳作为符号、符咒和护身符的心理价值。我们斗胆以为，一些强调某些贝壳，特别是宝贝象征意义的人类学家，往往低估了相关的实用价值和感官价值。我们设想，对某些贝壳象征意义的认识之所以广为传播，部分原因在于其相关的美和实用性。无论如何，正如某些例子所示，这三种因素必定共同起了作用。

人类有许多年代不详的发明，螺号便是其中之一。可能是听螺音带来了启发。看，这儿有个海螺，顶部或靠近顶部的地方有个洞眼；它不会像别的海螺那样唱歌；那就往里面吹口气吧——因为气意味着生命——大肺青年迎来了意外之喜！作为肺部气流的回应，一种号声出现了——共鸣的、振动的、哀号的、恐怖的——像风神的声音。即使是现在，请一个大肺专家，在下班后安静的学术博物馆里吹吹螺号，也是一种不无教益的体验。有力的、叛逆的、雾号般的声音，有点让人内疚的音量，让人心惊的节律——来自锡兰①和马来、来自加利福尼亚和马达加斯加的所有"奇珍异宝"，似乎都在发出回声！因为这是个很老很老的故事。不可忽视的是螺号声巨大的效果，以及效果和成因之间不相称的比例。所以召唤大家去寺庙、上战场时，要吹响法螺或别的海螺；在婚礼和入会仪式上，螺号用于情绪效果（和各种象征性的理由）；在我们的祖先眼里，前一天还是官方的和有象征意义的物事，后一天就成了雾号或牧牛号，这没什么让人费解的。吓退恶魔的东西，肯定也能用来吓唬小偷。螺号的效果不错，也很美。

克里特岛的米诺斯人最早用海螺，如骨螺（Murex）和荔枝螺（Purpura）来制造著名的紫色染料；腓尼基人②紧随其后，在提尔和西顿的大桶里浸染珍贵的织物；绝妙颜色的消息传开了；大量破碎的贝壳依然向考古学家泄露了秘密，显示出紫色工业在地中海和红海沿岸，以

① 斯里兰卡的旧称。——译注
② "腓尼基"一词就来自希腊人对这种颜色的称呼。——译注

及远远超出这两地的传播。在不列颠岛和爱尔兰岛，在中美洲和墨西哥，在马来西亚、中国和日本，都有古老的紫色染色业。提取染料的过程非常奇异和独特，甚至有可能大大地偏向威尔弗里德·杰克逊先生所支持的观点：这秘密是由早期地中海的海员从旧世界带进新世界的。海螺的分泌物经历一番奇特的变化——无色、黄色、绿色、蓝色——然后才涌现纯净的紫红色；这给美平添了几分神秘的联想。最后的颜色暗示着血液，又暗示着生命力。需要大量的海螺，才能生产一丁点染料，这意味着许多冒险的航行，也往往意味着许多生命的代价。于是，昂贵装点了美，紫色的魅力有增无减。只有少数男人敢穿紫袍，只有少数女人敢用紫妆，只有海军上将或女王克娄巴特拉的船才能张挂紫帆，只有神圣的经文才能享受紫色的荣耀。

　　另一种审美感染力来自珍珠和珍珠母，这种美的魅力从来不曾减退。在审美魅力之上，神秘的起源也为珍珠添加了一抹浪漫。有趣的是，把珍珠与露珠联系在一起的理论在地理上分布得非常广泛。在托勒密时代①之前很久，红海岸边就有了水产业的总部，从这里出发，对珍珠的鉴赏得到广泛传播，新世界如此，旧世界亦然。众所周知，在罗马人当中，珍珠的地位在所有宝石之上，"据苏埃托尼乌斯（Suetonius）②说，公元前五十五年恺撒远征不列颠的最大动机，就是为了弄到珍珠，这些珍珠非常大，他曾在手心上掂过它们的重量"。当然，这些珍珠都是淡水贻贝的产物。现代的动物学家知道，珍珠是由软体动物的表皮对一些微小的刺激焦点发生反应而产生的，刺激可能来自

---

① 公元前三二三年，马其顿君主亚历山大大帝死后，其将军托勒密成为埃及统治者，史称托勒密一世（救星），定都于亚历山大城。托勒密王朝一直延续到公元前三十年，至克娄巴特拉七世（埃及艳后）自杀、其子托勒密十五世（小恺撒）再为屋大维所杀为止。托勒密王朝的所有国王均名为托勒密，女王则多叫克娄巴特拉，且常以兄弟姐妹之间乱伦通婚来延续王族血脉。——译注

② 苏埃托尼乌斯（六十九年至一二二年后），罗马传记作家，著有《名人传》和《诸恺撒生平》（De vita Caesarum，中译本作《罗马十二帝王传》）。——译注

绦虫或吸虫极小的幼虫，也可能是一粒蛋白结晶（贝壳的有机基础），甚至一颗无机微粒。古人当然不知道这些，但有趣的是，我们发现在遥远的古代，就有了各种人工刺激软体动物生产珍珠的窍门。老故事别具风味：如果把珍珠和少量的米放在盒子里，密封一段时间，那么你会发现它们的数量有了成倍的增加。原物也不会差，只是米粒两端会有啃过的痕迹。考虑到珍珠这么美丽、神秘、昂贵，我们便不难理解"次要美德"的光环。它们烧成粉末，便有神奇的疗效；放在死者口中，能给灵魂带来光明；它们成为纯洁和忠诚的象征。

世界各地的宝螺壳似乎都有这样或那样的用处，而在许多情况下，至少都有一种宝螺壳的符号体系。在早期的克罗玛努人①遗址和王朝统治前②的埃及墓葬，都有穿孔的宝螺出土；而在公元前七百多年前的中国，宝螺就已经用作钱币了。由于宝螺是非常美丽的贝壳，也就成了非常方便的货币、辅币、神示、木乃伊的眼睛、骰子和阄，等等；但有充分的理由让我们（与威尔弗里德·杰克逊先生和埃利奥特·史密斯教授一起）相信，它们对人类施加的魔力，很大程度上要归功于贝壳的外形在很多人心目中挥之不去的性符号意味，对少数人而言，则是因为这种有生命的、在岸边潮池里不断扩大自体的动物，似乎是，怎么说呢，似乎是从贝壳内部生出来的。那时候没有海边常见物的指南，对敏感的人来说，看到一个无节制的、长角的、饥饿的生物慢慢暴露自己，是一件颇为古怪的事。此外，这些大贝壳不是只在退潮时现身，所以从缅甸的曼德勒到墨西哥，它们才不知怎的与月亮相连，从而又与女人相连的吗？我们不禁幻想，早期的某些观察者，在亚里士多德提出洞见之前的很长时间，一定看到过寄居蟹从蛾螺壳里出来一半，又喀的一声缩回去；一定看到过好像只是熟悉的、慢吞吞的贝壳在快速移动，甚至在战

---

① 指旧石器时代晚期居住在欧洲大陆的原始人。——译注
② 约公元前三一〇〇年之前。——译注

斗。寄居蟹的租屋而居，会为壳里有魔鬼的信念提供多么好的证据啊！但无论如何，阿芙洛狄忒是人类最早的女神之一，把她带到塞浦路斯（Cyprus）的宝螺（*Cypraea*，宝螺属）[①]就是她的标志。它明显是女人的贝壳，有助于婚姻和生育。它带来好运，挡开恶毒的眼光，但主要还是生育力和生命力的符号表达，拥有赋予生命和拯救生命的力量。关于将宝贝放入死者口中的习俗，埃利奥特·史密斯教授做了一个非常有趣的说明："宝螺的双重意义——相信它赋予生命的力量和它作为货币的用途——导致了这两种特性之间的混淆，并促成了一种非凡习俗的起源。宝螺放进嘴里，是因为相信它能够给死者带来生气；但当它作为货币，有了新的价值时，这种做法就失去了最初的意义，而使用贝壳——或目前取代了它的金属钱币——其目的就被合理地解释为要向卡戎[②]缴纳路费，好把死者摆渡到另一个世界。"根据埃利奥特·史密斯教授的说法，整个复杂的贝壳崇拜，源自一种出于想象的暗示，使得一群原始人把宝螺与性联系在了一起。

在开化的男女中，几乎没有谁还能从宝贝身上看出明显的象征意义；煤焦油产品取代了提尔紫[③]；珍珠不再焙烧成无价的药丸；很多长存的已一去不返。另一方面，珍珠保留下了它的魅力；螺号声没有止息；贝壳装饰品仍然非常普遍；很少有小朋友会在贝壳那美的宴席前无动于衷。不过，贝壳崇拜最经久的成果，很可能已经不易察觉地传入了人类生命之网的结构——我们的意思是"寻找贝壳在文化元素传播和文明建设中发挥的重要作用"。

[①] 阿芙洛狄忒的出生早于宙斯，由乌拉诺斯被儿子克罗诺斯割掉的阳具丢在海中泛起的泡沫化生，并由贝壳带到塞浦路斯的帕福斯。文艺复兴时期，波提切利的名画《维纳斯的诞生》描绘了贝壳在海上泡沫里打开、她从中升起的场面。——译注

[②] 卡戎是神话中负责摆渡死者渡过冥河、前往阴间的神。——译注

[③] 又称骨螺紫，指古代腓尼基人从骨螺科贝类中提取的名贵染料。今属黎巴嫩的港口城市提尔为其染色中心。——译注

十 露脊鲸的健康

　　每个时代都有自己的巨兽；今天的巨兽是鲸鱼，因为抹香鲸和露脊鲸可能长达十五米，还有些别的鲸鱼甚至更大。刚刚提到的两个例子，间接表明了哺乳纲鲸下目为人熟悉的小目分类：长有功能性牙齿的齿鲸和长有鲸须的须鲸——这两个群体，如果它们真有共同祖先的话，一定是在很久以前就分化了，因为现在众多的结构差异，把它们分成了两类。须鲸当中，有两种（也许三种）归入"真"露脊鲸属，只是因为它们是捕鲸者追逐的正确鲸种[1]，鲸须和鲸脂让它们比长须鲸、座头鲸和其他鲸种的价值更高，后者身上也有这些宝贵的产品，只是量比较少。格洛弗·艾伦（Glover M. Allen）[2]先生最近出版了一本令人钦佩的专著《新英格兰的须鲸》（*Whalebone Whales of New England*，波士顿，一九一六年），提醒我们对须鲸要多加欣赏，它们现在的主要代表是北大西洋露脊鲸或比斯开鲸（学名*Balaena glacialis*）。

　　首先，鲸鱼的适应性变化多么不同寻常！想想它鱼雷般的外形，适合劈波斩浪；闪亮而没有摩擦力、几乎赤裸的皮肤；扁而水平的尾片，起着推进器的作用；前肢特化成桨状的鳍，整体活动，主要用于平衡；厚厚的鲸脂层（大多数哺乳动物皮下脂肪的夸张版）用来保持体温，弥补了几乎完全没有毛发的缺陷，也有助于鲸鱼的巨大体积获得更大的浮力，并借着弹性来抵御深潜时巨大的压力；颈部缩短了，脊椎在这一区域出现了愈合；有摩擦力的表面减少了，外耳的消失可资证明；带有活

---

　　[1] 露脊鲸的英文名称是Right whale，意为正确的鲸；属名Eubalaena，则由希腊语的eu（真）加上拉丁语的ballaena（鲸）构成。——译注

　　[2] 格洛弗·莫里尔·艾伦（一八七九年至一九四二年），美国动物学家和哺乳类专家。——译注

瓣、可以自动闭合的喷气孔或鼻孔（成年齿鲸只有一个喷气孔，奇怪的是，更为特化的须鲸仍然是原始的双孔状态）位于背部；骨骼大部分是海绵状的，增强了浮力；非凡的血管网络，可能有助于长时间的水下呼吸；相对巨大的胸腔和宽敞（尽管简单）的肺，既是呼吸器官，也是流体静力学器官；通常一次只生一个后代；还有特殊的乳房，让幼鲸大口吃奶。这些或多或少，都是明显的适应性变化，但有一个明显的，就有十个隐晦的。例如有一种变化，是将喷口形的喉头（气管的入口）前移，伸入口腔最里面的鼻腔后开口。因此，须鲸在游泳时大张着嘴巴，捕食无数的小鱼，自己却不会淹死。有趣的是，鳄鱼淹死猎物时，奶水在母体育儿袋内注入有袋目幼崽的食管时，也能看到非常相像的适应性变化。

据说有个美国人参观动物园，对长颈鹿做了一番长时间的审视，然后扭头走掉，只丢下一句话："我不信。"如果他对家乡的新英格兰露脊鲸给予同样的关注，很可能也会说出同样的一句话。黑色的巨兽，体长十六点五米，头部约占整个身体的四分之一，颈部之短，一如长颈鹿之长（椎骨数却是一样的），上颚两侧，各有大约二百五十片黑色的须板垂下，长度有时超过两米——多么奇异的生物呀！鲸须说明了大自然的一种演化方式：借旧物造新物，它们正是在很多哺乳动物的上颚都能看到的横向腭脊放大和角化的结果。同样引人注目的，是明显被打乱的面貌，鼻孔远远地向后，跑到了头顶，不起眼的眼睛朝下，挪到了嘴的后角，耳孔位于眼睛下后一点的地方，也就一根火柴粗细。而靠近鼻端，还有个奇怪的、磨损了的、疣状而变硬的垫子，名叫角赘。

鼻子、口部和下巴上稀疏的毛丛，让人浮想联翩。这很可能是茂盛的原始体毛的残余，因为某些鲸类在胚胎阶段时，身体的前半部分还有大量的毛根。不过，鲸类的祖先可能不只有体毛，还披鳞挂甲，只是在养成水生习性后才告消失。某些江豚身上仍有鳞片的痕迹，而有些鲸类甚至在出生前都找不到体毛的残余。露脊鲸身上可见的须毛是没有毛肌和皮脂腺的，但显然是出于某种目的而得到了保留，因为它们有丰富的神经支配，有时四百条神经纤维通向一根须毛！这说明了进化过程的保守性：好东西就要紧紧抓住，哪怕它们转向了新的功能。但须毛的主要功能可能是触觉；在很多哺乳动物，比如猫，以及不是那么熟悉的各种动物的须毛中，在前脚和足部战略性分布的刚毛丛中，我们看到了这一功能的高度发达。令人印象深刻的，是深埋地下的一处骨盆带和股骨遗迹，与一具北大西洋露脊鲸的典型标本对照，分别量得四十六厘米和十三厘米。这反映出一种在逐渐缩小的结构中并不罕见的有趣变异，它们之所以长期存在的部分原因，可能是为某些小肌肉提供着生处。在某些未出生的鲸鱼身上，有两个纽扣形状的小凸起——外后肢当真处在即将消失的临界点上。露脊鲸的牙齿已完全退化，从不出露于牙龈之外，不待出生就被吸收了，但仍然有第一组和第二组——就像我们人类一样。

　　感觉器官则有很多有趣之处。眼睛没有常见的、起眼球清洁作用的第三眼睑，这一缺失通过持续的清洗得到补偿；说到我们人类，它的实际缺失是由上睑的频繁运动来弥补的。嗅膜退化了，还有嗅觉上的其他缺陷，对起源于陆生动物、已习惯于水下生活的动物来说，这一点不难理解。外耳道与水相通，鼓膜固定，不能振动；鲸耳的主要用途可能是平衡，并使这种动物在下潜或上浮时，感受到水压的变化。如果声音传到听小骨和内耳，那一定是通过脑颅骨。

　　黑露脊鲸不是群居性的，但一对鲸能长期结伴而行，幼鲸或可跟随它们一年以上。平时游泳的速度堪称悠闲，大约每小时六点五公里；这种生物还喜欢安静地卧在海面上，也许睡着了。艾伦先生引述了一个老故事，讲的是五月花号[①]在科德角湾的一次遭遇："我们每天都看到大鲸鱼，有最好的油和骨的那种，靠近我们的船，逢天气晴朗，便在我们

---

① 一六二〇年，一百零二名移民美洲新大陆的英国清教徒所乘的三桅帆船。——译注

周围游动，戏水。有一次，阳光暖洋洋的，来了条鲸鱼，卧在水面，好像死了，卧了好一阵子，离船有一半的火枪射程；两个人准备放枪，看它动不动。先开火的人，他的火枪飞了，枪托和枪管都碎了；可是感谢上帝，虽然周围人很多，可他和别人都没有伤到。但鲸鱼见时候到了，喷了个响鼻，就走了。"喷出或呼出热空气的动作，可以很快地连做至少六次，"喷水柱"是由水汽凝结成的水滴构成，也许再加上由鼻孔猛烈送气时带起的少许水雾，可以高达四米五。由于亚里士多德没把鲸鱼当鱼，惹得弥尔顿不甚满意，故而写下"从鳃里吸进，从鼻子喷出一海的水"①。经过时间长短不一的奋力呼吸，鲸重新下潜（几乎是垂直的，所以看到的最后一部分是尾片），可能在水下停留十到二十分钟。说到品性，露脊鲸算得上十分讲究的食客，因为它主要以小的甲壳纲动物为食，张开大嘴，把它们吞入空空的口腔，用须板磨散的内缘过滤，再缓慢地抬起肥厚、松软的舌头，卷起它们，送进狭窄的咽喉。不管抹香鲸怎么做，露脊鲸都从来没吞下过哪怕一个小先知②。

还没有人与黑露脊鲸有过亲密接触，但就总的印象来说，它似乎是一种温和的动物，只有在受到折磨时，才会采取攻击行动，有可能用角簪或脑门的冲击力把船撞烂。为了说明它的忍耐力，艾伦先生引述了一条"六十桶"露脊鲸的案例，它是清晨在马萨诸塞州楠塔基特岛附近被鱼叉击中的，然后向外海前进，拖着一条有六个人的船走了七小时，最终获得了自由。这些人又艰难地划了五个小时，才得以回家。对它的繁殖习性，我们知之甚少，但交配似乎在初夏进行，一月或二月生产。初生的幼鲸长约六米，据说至少会陪伴母亲一年，一到两岁时断奶。母鲸

---

① 约翰·弥尔顿（一六〇八年至一六七四年），英国大诗人和思想家。这一句出自他的史诗名作《失乐园》。引朱维之译文。——译注

② 出自《旧约·约拿书》："耶和华安排一条大鱼吞了约拿，他在鱼腹中三日三夜。"《约拿书》是十二小先知书之一，约拿也就是小先知了。露脊鲸咽宽不过六七厘米，无论多小的小先知都是通不过的。——译注

的依恋是毋庸置疑的，因为它会牺牲自己去拯救儿女，或者在儿女死了时也不肯离开。就目前所知，北大西洋露脊鲸没有天敌，它们自己之间打不打架则不清楚。它是一种长寿、木讷、爱好和平的生物——太温和了，无法在人类的恐怖中长期生存。

我们讨论的这种鲸鱼，大概与南大西洋的黑露脊鲸没有什么具体的区别，但它与格陵兰鲸或弓头鲸（北极露脊鲸，*Balaena mysticetus*）颇为不同，曾几何时，捕鲸船从邓迪、阿伯丁和彼得黑德等港口北上，就是渴望着把格陵兰鲸作为追杀的目标。但这已是过去的故事了，因为格陵兰鲸现在已难得一见。在不列颠博物馆迷人的鲸厅，我们可以看到这些壮丽生物中最大一头那巨大的下颚。它是一八八七年被杀死的，产出了二十六吨鲸脂和一千三百二十公斤鲸须。这种格陵兰鲸一生都在北极地区生活；据记载，它体长超过二十一米，头部占了身体的三分之一；它是黑色的，仅在颚下有些白色，与非北极的亲戚之间有着各种重要的结构性差异。鲸学权威贝达德（F. E. Beddard）[1]博士告诉我们，格陵兰鲸是"极其胆怯的野兽"。有人说，"一只鸟儿落在它背上，有时也会让它格外焦虑和恐惧"。但谈到鲸鱼时，我们最好慎用心理学的形容词。我们对这种海洋巨兽的"恐惧"知道多少呢？它的大脑是非常高级的。也许在一定程度上，胆怯是频繁出现的捕鲸者造成的。不过，对鲸鱼表现出的亲代关怀，我们有着全体一致的理论钦佩。"这将给人类的高智能增光。"斯科斯比（Scoresby）[2]说，但人类还是会猎取鲸脂和鲸须，直到露脊鲸沦落到和其他巨兽一样的命运，慢慢变成专著里的记载和博物馆的收藏。悲夫！

---

[1] 弗兰克·埃弗斯·贝达德（一八五八年至一九二五年），英国动物学家。他也是环节动物权威。——译注

[2] 威廉·斯科斯比（一七八九年至一八五七年），英国捕鲸者、北极探险家和科学家，写有多部关于北极鲸鱼场的专著。——译注

十一　海洋的内部经济

　　大量的捕捞所获，摆放在我国的一个主要渔港，谁也忘不掉第一次看到这一幕时的印象。成吨成吨的鱼，甚至绵延好几英里，近来代表着巨大的海上行动力，很快会转化为陆地上同样巨大的——虽然是减少了——体力劳动力和脑力劳动力。吃不完的拿去喂牛，给农地上肥，总的供给是如此充足，以至于我们对它日复一日、年复一年的持续不免感到惊奇。这庞大的海洋经济是怎么运转的？谁是生产者、消费者和中间商？要解答我们的疑问，可以参考一个众所周知的例证，这就是普利茅斯海洋生物站站长艾伦（E. J. Allen）[1]博士提出的论证：五月份的日照记录和比林斯门（Billingsgate）[2]的鲭鱼数量关系密切。其基本原理不无启发意义。布伦（G. E. Bullen）先生指出，在五月份鲭鱼的捕获量与鲭鱼主食浮游桡足类（即具有浮游习性的小型甲壳动物）的数量之间，存在着对应关系。戴金（W. J. Dakin）[3]博士也指出，桡足类又主要以表层水的浮游植物有机物为食，如硅藻，也吃类似纤毛虫的动物，名叫多甲虫（Peridinians）。但这些微小生物的繁殖大体上取决于日照的多少。于是阳光越多，鲭鱼也就越多。从一种生命的化身到另一种生命的化身，从硅藻到桡足类，从桡足类到鲭鱼，从鲭鱼到人——真是李比希（Liebig）[4]物质循环光辉思想的例证。

---

① 埃德加·约翰逊·艾伦（一八六六年至一九四二年），英国海洋生物学家。——译注

② 比林斯门是伦敦最大的鱼市，位于泰晤士河北岸。——译注

③ 威廉·约翰·戴金（一八八三年至一九五〇年），英国动物学家，长期在澳大利亚执教。——译注

④ 尤斯图斯·冯·李比希（一八〇三年至一八七三年），德国化学家，创立了有机化学，并倡导使用无机肥料。——译注

　　海洋财富的生产者是拥有叶绿素的生物体，大多数当然是植物，但也有少数更像是动物。植物有两大类。（一）外海表面层微小的藻类（浮游植物）；（二）海草、较大的海藻和随之出现的微植物群，大量存在于广义的近岸海域。很多海藻虽然也有褐色素或红色素，但统统都有叶绿素。凭着这一点——我们不知道是怎样做到的——它们便能利用阳光的能量，把空气和海水里的简单成分聚合成复杂的有机产物，继而形成动物的食物。海洋生活和陆地生活的整个经济，都依赖着这种光合作用的能力。非常普遍的观点认为，主要的生产者是活水中微小而简单的藻类，它们在某些区域形成了约翰·默里（John Murray）[1]爵士笔下"浮动的草甸"。随比格尔号出航期间，南美近岸海域给达尔文留下了深刻印象，大片的海水因为微小的浮游藻类而变了颜色，库克船长的水手曾称之为"咸水沼泽"，自挑战者号[2]以来，有关浮游植物群落的信息增长迅速。很多外海动物，如小甲壳纲动物，似乎以此为食，再被幼鱼吞噬。因此，咸水沼泽在春天的生长，就像农田披上绿衣一样重要。海洋生物学权威、利物浦的赫德曼（Herdman）[3]教授引用了如下计算：一个硅藻"比针头还小，分裂成两个，正常速度是一天五次，只消一个月，就会形成一团有太阳一百万倍大的生命物质。保持这样的繁殖速度，破坏力一定同样惊人"。然而，应该注意到，有越来越多的证据支持这种观点：浮游植物群落微小成分的死亡比生命还重要，因为它们由于温度变化等原因而死亡，或是达到其自然寿数的大限时，就会增加宝贵的有机碎屑，或在水中悬浮，或沉入海底。海藻和海草的沿岸带，

---

　　① 约翰·默里（一八四一年至一九一四年），英国海洋学家、海洋生物学家和湖沼学家，现代海洋学之父。——译注

　　② 一八七二年至一八七六年，皇家学会使用英舰挑战者号进行环球科学考察，以查尔斯·威维尔·汤姆森为首席科学家，行程七万海里，完成多项发现，奠立了海洋学的基础。二十世纪八十年代的美国航天飞机挑战者号即以该舰命名。——译注

　　③ 威廉·阿博特·赫德曼（一八五八年至一九二四年），苏格兰海洋动物学家和海洋学家，查尔斯·威维尔·汤姆森的助手和挑战者号科考的重要参与者。——译注

也对有机残骸的这种积累做出了非常重要的贡献。实际上，两位丹麦博物学家彼得森（C. G. Joh. Peterson）[1]教授和延森（Jensen）[2]最近的调查表明，在峡湾和海湾有掩护的水域，海底有机物的主要成因，不是下沉的微小的浮游生物，而是浅水中的海草（大叶藻属）及其伴随物的碎屑。这一点具有巨大的现实意义，因为如果需要，人类可以培育沿岸植被，将粮食撒在水面，日久再收集起来[3]。但水产养殖还不是当务之急。

几年前，皮特（Pütter）教授开始提出一个离经叛道的观点，称海水含有大量溶解的有机物——一种极其重要的海汤"原汁"，用以向很多自认觅食困难的海洋动物提供生活资料。但是，不能说这种观点已被进一步的调查所证实。事实上，本杰明·穆尔（Benjamin Moore）[4]教授和埃林港生物站的其他人最近的工作成果对此是相当不赞同的。可能是矮小浮游生物（微型浮游生物）所起的营养作用没有得到充分的重视，它们在外海中多得难以计数，而且极其微小，足以穿过拖网所用上品丝绸看不见的孔隙。因此，没有理由背离这样的结论：海洋经济中的生产者是拥有叶绿素的植物，高阶和低阶均包括在内，还有如此之小的动物机体，它们窃取了植物光合作用的秘密。不过，是时候再加上一种新的主张了：海底动物有很大一部分是以死物的残渣为生的，它们由三个来源组成——表层浮游生物、海岸动物群和植物群，以及河流带下来的东西。这个问题我们到下一章再来探讨。

海洋财富的天然消费者是动物，但它们不是都在同一个平台上。

---

① 卡尔·格奥尔·约翰内斯·彼得森（一八六〇年至一九二八年），丹麦海洋生物学家，尤以渔业生物学家知名，是第一个描述底栖海洋无脊椎动物群落的人，被公认是现代渔业研究的奠基人。——译注

② 应指彼得·博伊森·延森（一八八三年至一九五九年），丹麦植物生理学家。——译注

③ 出自《旧约·传道书》："当将你的粮食撒在水面，因为日久必能得着。"——译注

④ 本杰明·穆尔（一八六七年至一九二二年），英国生物化学家。——译注

首先是真正的食肉动物，如大部分鱼类，所有的墨鱼，许多腹足纲软体动物（如蛾螺），许多螃蟹，大部分海星类，直到海葵。其次是岸上的素食动物，如滨螺（Periwinkle）和帽贝（Limpet），还有一些外海动物，如桡足亚纲甲壳动物。再就是数量庞大、主要以碎屑或残渣为生的动物了。当然，这种分类也不能太僵化，因为不难理解，很多海洋食肉动物也可能利用肉屑——就像金雕虽然偏爱新鲜的松鸡，却并不总是瞧不上腐肉。同样，某些海洋素食动物对自己享用的海汤成分也不太讲究。也许对动物来说，肉食和素食之间的区别，并不像有没有结实的抓攫肢、有没有咀嚼口器之间的区别那么重要。这一点，就像威廉·詹姆斯（William James）①教授把人类分成柔性的和刚性的一样，是非常深奥的。我们可以把它说成是硬嘴和软嘴的区别，是与生俱来的。可如果继续追问下去，我们就会离题太远了。

中间商是细菌，它们以很多不同的方式参与着生命的进程。众所周知，盐与细菌是对立的，但这并没有阻挡细菌进入海洋，它们在海水中起到的重要作用不止一种。例如，有些细菌会引起腐败，分解动植物的尸体和动物的排泄物，将它们还原成二氧化碳、氨和氨合物等，这些物质可以通过形成藻类的食物，重新进入生命领域。这种微生物永远是把不干净的东西变成干净的。但还有些微生物起着更微妙的作用，将氨态氮变成亚硝酸盐，另一些微生物则再接再厉，完成把亚硝酸盐氧化成硝酸盐的工作。由于亚硝酸盐比氨化合物更容易吸收，用于植物的营养，硝酸盐又比亚硝酸盐更容易吸收，我们便看到，就像老话说的，万物各得其所。可是不要忘了，还有很多反硝化细菌，反其道而行之，把硝酸盐还原成亚硝酸盐，把亚硝酸盐还原成氨，把氨还原成游离氮。勃兰特（Brandt）②教授曾提出，浮游生物之所以在寒冷的极地水域比热带海

① 威廉·詹姆斯（一八四二年至一九一〇年），美国哲学家和心理学家。——译注
② 应指卡尔·勃兰特（一八五四年至一九三一年），德国动物学家和海洋生物学家，因研究溶解的氮化合物和磷化合物对海洋生物的作用而闻名。——译注

域更丰富，一个显著原因是，较高的温度有利于反硝化细菌的作用，使它们得以大量繁殖，于是浮游植物群落可用的含氮食物供应就大大地减少了。约翰·默里爵士和雅克·勒布（Jacques Loeb）[1]教授认为，原因在于低温放慢了生命进程，延长了生命的长度，所以几代浮游生物可以同时生活在较冷的水域。这两种观点大概都是正确的。

几乎不消说，生产者、消费者和中间商的比喻不应该限制得太死。例如，对最近的一位研究者布勒瓦（Blegvad）[2]博士加以关注是大有益处的，他把吃碎屑的动物看作是相对食肉动物而言的生产者，就像鱼相对最高级的食肉动物人类而言是生产者一样。双壳纲和其他动物在低级别上以微小的碎屑为食，并为任何能吃掉它们的动物提供能量，不吃就会浪费。卡特加特海峡[3]的鲽鱼非常喜欢吃文昌鱼，后者则以屑粒为生，所以相对鲽鱼而言，文昌鱼就是生产者或中间商。主要的思想是物质循环的思想，或者说，是约翰·默里爵士（他为了让海洋学成为一门科学出力甚多）所说的"永无止境的循环"。藻类在它浸润其中的水里找到了养分，并用叶绿素"加上阳光施展魔法"，从无机成分当中造出有机化合物。植物蛋白就这样形成了，而一旦被动物吃掉，就会提升到还要更高的阶段，成为动物蛋白。但植物或动物死亡时，通过细菌的作用，复杂的有机物便再次分解成简单的成分，其中一些被植物利用，可以再次进入生命的循环。莎士比亚曾以先见之明谈到恺撒的尘土未来的命运[4]，但这只是他的一种模糊的想象，用了《这是杰克盖的房子》里

---

① 雅克·勒布（一八五九年至一九二四年），德国出生的美国生理学家和生物学家，以人工孤雌生殖的实验闻名。——译注

② 哈拉尔·布勒瓦（一八八六年至一九五一年），丹麦海洋生物学家。——译注

③ 卡特加特海峡位于瑞典和丹麦之间。——译注

④《哈姆莱特》五幕一场："亚历山大死了；亚历山大埋葬了；亚历山大化为尘土；人们把尘土做成烂泥；那么为什么亚历山大所变成的烂泥，不会被人家拿来塞在啤酒桶的口上呢？恺撒死了，你尊严的尸体也许变了泥把破墙填砌；啊！他从前是何等的英雄，/现在只好替人挡雨遮风！"引朱生豪译文。——译注

那样古怪的序列①，不知道那长长的营养链，怎样把硅藻、碎屑与鱼和人类联系在一起。正像赫德曼教授告诉我们的那样，人吃鳕鱼，鳕鱼吃牙鳕，牙鳕吃西鲱，而西鲱吃桡足类，桡足类吃多甲虫和硅藻。大多数营养链通过桡足类把我们引向了海草和海藻，再到硅藻和碎屑。世界就是这样运转的，这就是海洋生命的各种化身。

---

① 《这是杰克盖的房子》乃英国流行儿歌，从杰克房子里的麦芽、老鼠、猫和狗，一路联系到男人、少女、法官、农夫、奶牛、马、猎犬和角。——译注

十二　咸水沼泽

海洋探险家描述过"浮动的草甸"，它由无数的微小或微观植物组成，也许可以延伸一百英里而不间断。这些简单的植物，以及经常与之相关的微小的单细胞动物，为甲壳类和其他小鱼提供了食物，后者再被鲭鱼这样挑剔的食客大量吃掉。少数鱼类，如沙丁鱼，很大程度上直接以单细胞动物为食。毫无疑问，表层水体中的微小居民，直接或间接地作为食物，提供给鲭鱼和鲱鱼等生长量较大的生物，这有着重要的意义，对人类也意义重大。溶解的有机化合物有时从海底上浮，有时在靠近海面的地方产生，可以被较大的动物利用（程度如何我们还不知道），或是通过各种不同的、往往非常微妙的细菌作用加以回收利用。海面居民的情况就顺带着说到这儿了，那么，海底的食物供应情况又是怎样的呢？

回答这个问题时，如我们在此前的探讨中所见，通常是突出那些微小的（浮游生物）有机体因死于海面或力竭下沉所起的作用，没有理由忽视这个因素。对多少可以用深渊相称的巨大区域来说，这一因素可能有着根本性的重要意义，因为这些区域远远超出了光照的极限，不可能有任何自生植物通过光合作用，利用水中的简单成分，合成复杂的碳化合物。但在近岸相对较浅的透光水域，经济情况就不同了，似乎必须将巨大的重要性归于所谓的"咸水沼泽"——密集生长的海草（大叶藻属），一种名副其实的开花植物，以及固着的海藻，有大有小，从巨大的墨角藻和海带，到小丛的可口的"鹿角菜"或角叉菜。微小浮游生物从海面下沉的作用无须贬低，但我们希望介绍一下约翰内斯·彼得森教授提供的案例，这是他在最近给丹麦农业委员会的一份有趣的报告

（一九一八年）中提出来的，不管怎么说，报告把重点转到了咸水沼泽上。毋庸赘言的是，丹麦水域的多样性与英国近岸相去甚远。

在丹麦相对较浅的水域，海床是由沙子、泥或黏土的广阔平原，以及它们之间的过渡部分组成的；除了最深、最平静的盆地外，差不多到处都有散落的、大小不一的石头，各有独特的居群。从海岸到四五米深的地方，是海草的沼泽，有真正的根和花，还有很长的带状叶子，以用作包装和填充材料，以及意大利酒瓶和油瓶的包覆材料而闻名。与这种大叶藻混在一起的，是正牌的海藻，固着但没有真正的根，用美丽的红色、棕色和橄榄色，为成片的草绿色加添了活力。往远处，海藻植被逐渐变得稀疏，到四十五米深处就消失了。这是个拥挤的植被区，养得起拥挤的动物生活；摇曳的海草往往和地里的玉米茎一样粗。彼得森教授指出，丹麦海域干物质的年总产量超过八十亿公斤，大约四倍于丹麦一年的干草产量。这表明进一步的利用是可能的——大叶藻已经有了饲草、造纸、炸药和其他方面的用途——但海草收割不便，它最大的价值也许是间接的，也就是说，它为动物提供了基础食物供应，许多可食用的鱼类大多以此为生。因为彼得森教授和同事们发现，海底泥土（或离岸较远的黏土）表面覆盖着一层薄薄的碎屑，非常富于营养，而这主要是由海草和近岸生海藻的碎片产生的，下沉的浮游生物则价值不大。通过检查常见非捕食性动物的胃内容物可以发现，它们所摄取的食物主要由这些有益的碎屑构成。例如，牡蛎和其他双壳纲动物的主要食物是植物性粉尘，"它要么悬浮在水中，要么沉积为海床薄薄的上层，遇到暴风雨，偶尔上浮，飘散，但过后还是会重新沉降"。

彼得森教授有些统计数字非常有趣。他估算，在斯卡恩角①以内丹麦水域的咸水沼泽，植物总量为二千四百万吨，其中五百万吨提供给了那些直接和间接都"无用"的动物，一百万吨给了"有用"的、为鱼类

---

① 斯卡恩角是丹麦最北端的海角。——译注

供应或可能供应食物的动物，品种不多的、有价值的食用鱼类，如鲽鱼和鳕鱼，每种能分到的不过区区几千吨（五千吨到七千吨）。海星占了二万五千吨，比所有重要的食用鱼加在一块还要多，而螃蟹和腹足纲软体动物合计不少于五万吨。我们看到，在卡特加特海峡这样的水域，食用鱼在动物生命总量中的比重是微不足道的。原因应该在支配着物质循环或海洋新陈代谢的关系中去寻找。养成一斤鳕鱼需要十斤蛾螺，养成一斤蛾螺需要十斤蠕虫，养成一斤蠕虫则需要十斤植物质，而这些东西可以用粉尘的形式提供。所以，像鳕鱼这样的肉食性鱼类，一斤就需要一千斤的海草。如果在"杰克盖的房子"那样的营养链上，环节少一些，那么可以说，肉价就能便宜一些。例如，一斤鲽鱼据说只要一百斤植物质就够了。但基本的事实是清楚的，正如所有肉都是"草"[1]，所有的鱼迟早也都是"海藻"。

尽管有句老话叫 *Vitior alga*——"都不如海藻值钱"——这些卑微的植物有很多用途，例如制造甘露醇、黏胶和肥料。海藻的营养价值的确是个古老的故事；爱丁堡的街道上曾经回荡着渔妇刺耳的吆喝："哪个要买红皮藻跟糖昆布？"但科学表明，间接的重要性远远大过直接。

那么显而易见，渔业生产远远不够经济。它们就像一个需要非常广大和昂贵基础的上层结构。食用鱼——几乎完全是食肉的——所需的卑微生命数量巨大；当我们想到，鱼吞食的动物重量有很大一部分可能没什么用处——例如组织里的水分和石灰外壳——这一估算量就必须增加。因此，我们自然会得出彼得森教授切合实际的重要结论：一个海域所能养活的鱼类数量绝不是无限的。事实上，在一些不对公众开放的海湾，他发现，有强烈的理由，可以怀疑已经达到了极限。这是个慷慨的

---

[1] 出自《旧约·以赛亚书》："凡有血气的，尽都如草，他的美容，都像野地的花。"——译注

限度，对人类而言则是一个重要的事实，因为丹麦渔民在一九一五年从本国海岸捕捞了大约六万吨鱼，比该国出口鸡蛋总量的两倍还多。而养鱼与养鸡是不能等量齐观的。但问题是，海洋中围绕着相互关系建立起来的这套系统是不是没有办法改进，以出产数量较少的无用动物和数量较多的有用动物了呢？这的确是个有趣的问题，但任何一个认识到"生命之网"含义的博物学家，都不会急于去做大规模的实验。自然界的平衡不应该遭到鲁莽的干预。

除了出于实利的考虑，咸水沼泽还有很高的科学价值。在所著《比格尔号航海日记》（*Voyage of the "Beagle"*）中，达尔文对巨藻（*Macrocystis pyrifera*）及其伴生动物印象深刻。他写道："密切依赖巨藻生存的各目动物数量多得惊人。光是在一处藻床上栖居的动物，就能写出一大本书……我只能将南半球这些水下森林与热带地区的陆上森林做个比较。然而，如果任何一个国家的森林遭到破坏，我相信，都不会有那么多种动物像这里一样，因为巨藻的破坏而灭绝。"

从海草到渔夫的一连串生命化身，让人对万有的变动有了生动的印象；动物群落有着迷人的多样性——彼得森教授区分了八种不同的伴生关系，每一种都有自己的经济制度；为了生存的斗争是激烈的；为生存而进行的适应和转变也是无止境的；正像惠特曼在《海底世界》（*The World Below the Brine*）中所说："那里有火热的情感、战争、追逐、不同的部族。"因为是咸水沼泽地带，而不是深海，才基本上适合这幅生动的图画：

> 海底世界，
> 海底的森林，枝丫和叶子，
> 海菜，大量的苔藓，奇异的花朵与种子，茂密而纠缠成一团的植物，空隙，和粉红色的草皮，
> 不同的颜色：浅灰和绿、紫色、白和金色，光在水中穿行着

游戏，

岩石、珊瑚、胶状物、杂草、灯芯草中间的沉默游泳者和游泳者的食物，

懒惰的生物在悬空着寻求食物，或者缓慢地贴着海底爬行。[1]

你也会对这些心领神会，如果你趁着夏日的午后，来到咸水沼泽，漂来荡去，凝望下方丰富的生命，享受着游彩的波光，不时掀起一片海草叶子——有时长达两米——好看看有多少小动物在那儿吃草，或者更愿意冒个险，从海底抬起一块石头，看看啥叫"底上动物[2]"，有时会有十几种不同的生物一起生活，保持着动态的平衡。"哎，我手头是件做不完的工作，清点海神的后代，这可怎么做？他们的数量远远比人子的多……数量如此庞大，大小井泉湖泊，还有那些数也数不完的江河。"[3]

---

[1] 沃尔特·惠特曼（一八一九年至一八九二年），伟大的美国诗人。《海底世界》一诗引赵萝蕤译文。——译注

[2] 又称表底动物，据生活在海底表面的动物。——译注

[3] 出自十六世纪英国诗人埃德蒙·斯宾塞（一五五二年至一五九九年）的长篇寓言诗《仙后·卷四：坎贝尔与特拉蒙德（友谊）传奇》。引邢怡译文。——译注

十三　乳香和没药

我们迎着阳光，来到一块刚刚割过的草地，草里有很大一部分黄花茅，此时我们会和所有健全的人类一样，体验到一种巨大的感官满足。这种香味清淡、复杂、恬静；这一刻感觉一切都很美好。但为什么会这样，却很难说。植物中散发气味的物质通常是精油和树脂，是某些重要化学过程的副产品或最终产品。对它们在植物经济中的生理意义，目前还知之甚少；它们大部分都属于无用的副产品。但是，如果有一种香味，对蜜蜂这样很受欢迎的昆虫访客的嗅觉非常有吸引力，或是对蜗牛这样贪婪的敌人非常排斥的话，那么，它往往能获得存在的价值，在其他同等条件下增强实力。我们必须把这些新起点——因为它们一定都有自己的开端——看作是对未知进行探寻的卷须。如果它们得不到鼓励，就不会有什么结果，除非它们是不可或缺的前一个进程的必然结果；如果它们得到了支持，就会成长壮大。因此有些植物身上，散发气味的物质存在的合理性，是由它们的保护价值证明的，另一些则由它们的吸引价值证明。但也必须承认，很多此类物质的意义是内在的和化学的，有时也许只相当于车间里的废品，而它们刺激嗅觉的特性也没有得到利用。它们是活火的灰烬，然而当我们吸嗅着芳香，空气中亿万个芳香粒子从我们身边匆匆而过，这儿是荆豆和山楂的，那儿是车叶草和黄花茅的，此时我们不禁要问，在植物经济中，这无数的空中排泄物是不是有什么生理学上的意义呢？因为与动物相比，植物明显没有办法来摆脱自身无用的副产品。精油的这种挥发，岂不是能帮助花之火不被自己的灰烬闷死吗？

在这种混合的气味里，可以闻到犬蔷薇和蓬子菜，甜甜的红车轴草和令人昏昏欲睡的没药树的味道，脑海中像铃声一样响起的概念是个体性、特异性、独一性。众生各异，花香也彼此不同。得到区分的芳香族化合物已有大约五百种，如山楂中的类氨物，木樨和紫罗兰中的类苯物，天竺葵和玫瑰中的类石蜡物，橙子和薰衣草中的类松脂物，每组都包括很多明确不同的种类，指示着每种植物化学过程独特的性质。最奇怪的要数天南星科、马兜铃属和大花草属中的类吲哚化合物了，它会招引喜爱腐肉的苍蝇，据说是由蛋白质分解而成。除了化学成分和气味的特殊性外，还有其他个体特性，有些植物叶子很香，另一些植物的香气则只能由花瓣制造；有些植物，比如梅花草，只在阳光下才有香味，而另一些植物，比如白剪秋罗，得等到晚上才香。夏天的阵雨过后，大爪草让人恶心的气味便格外浓郁。

　　产生芳香物质是开花植物的特征，但绝不是它们才有。例如，这在很多蝴蝶和飞蛾的雄性当中就很常见。翅膀上经历了奇特变形的鳞片，或身体其他部位的毛丛，都会渗出一种带有香味的分泌物，其次要意义在于它能吸引雌虫。雄性鳞翅目昆虫发散的某些气味，类似麝香、薄荷、香草、蜂蜜等，让人类的嗅觉感到愉悦；别的一些气味则让人想到老鼠和蝙蝠。有趣的是，在某些情况下，虽然有大量的腺鳞存在，可我们什么也闻不到，这大概意味着芳香物质在我们的嗅觉刺激范围之外，就像许多光线在我们的视觉范围之外一样。可以回想一下，蟾蜍挥发性的毒液，即所谓的蟾毒，我们闻到后会引起嗅膜发炎，可它没有气味。可以肯定，世界上充满了气味，就像充满了声音一样，不管高不高兴，我们的感官对它们都不敏感。有实验证据表明，很多昆虫都有高度特化的嗅觉，比如蜜蜂，这对采花者来说有明显的实用价值。根据最近一位研究者的报告，雄蜂有二千六百个嗅觉孔，对突然而至的芳香，如百里香油，在二点九秒内就能做出反应；工蜂有二千二百个嗅觉孔，三点四秒就能做出反应；蜂后有一千八百个嗅觉孔，可在四点九秒内做出反应。

　　除了飞蛾和蝴蝶，很多昆虫都会形成散发气味的物质，比如人人皆知的蟑螂和臭虫，这可能主要与无用的副产品有关，就像某些蝴蝶的白色和黄色是尿酸或其衍生物一样——灰烬也可以很美。然而其次，昆虫的气味在交配中也有了意义，这往往只限于雄性。它们可以同香獐、麝牛和鳄鱼身上的麝香味相提并论，也能跟很多雄性哺乳动物和某些雄性爬行动物的其他气味做一番比较。在很多雄性蝙蝠中存在的臭腺，显然是对昏暗环境一种有用的适应；鸟类几乎不应该形成这种进化，这自然与它们嗅觉不佳有关。在哺乳动物当中，两性均有臭腺时，可能有助于相互的性吸引力，或便于识别同类和常走的路线。在某些情况下，它们可能起到防御性的驱离作用；因此，鼩鼱多多少少是靠着沿着体侧的气味腺，才从猫爪下脱身的。在很多蚂蚁的归巢过程中，发散气味的粒子起到了路标的作用，狗追踪主人足迹时的精确程度则堪称日常生活中的一个奇迹。动物气味的化学成分还鲜为人知，但在昆虫中，它们包括了脂肪酸，甚至是水杨酸、游离碘，而一种温室中常见的马陆身上实际是氢氰酸——这都让这位研究者觉得大有可为。

　　嗅觉与味觉是最接近的，在某些鱼类身上，这两种感觉也许合并在一起了。嗅觉上，我们受到在鼻孔内的嗅膜湿润表面溶解的微粒影响；味觉上，我们受到以类似方式在舌头味蕾上溶解的物质影响。我们能闻到极稀的溶液，却尝不出来。因此，来自远处物体非常微量的物质足以刺激我们的嗅觉，却不足以影响味觉。所以正如谢林顿（Sherrington）[1]教授所说，对于味觉器官，我们的嗅觉器官是"距离感受器"。在这两种情况下，刺激都是由于异物的化学作用，一般化学感觉也是这样，最出名的是鱼，它的化学感觉器官分布在皮肤各个部位，探测发散物质。

---

　　[1] 查尔斯·斯科特·谢林顿（一八五七年至一九五二年），英国神经生理学家，一九三二年诺贝尔生理学或医学奖得主。——译注

普遍认为，一般化学感觉代表着原始应激性，从中进化出嗅觉和味觉，但帕克（G. H. Parker）①教授的工作得出的结论是："脊椎动物最原始的化学感觉器官是嗅觉器官，其次是一般化学感觉器官，从中产生出这一系列中的最后一个器官：味觉器官。"可以肯定，作为脊椎动物的特性，嗅觉神经元在我们从很远的内陆探测到海洋的气息时，就会受到愉快的刺激，这与很多低级无脊椎动物嗅觉神经细胞的反应非常相似，比如水族馆里的海葵对我们在远角落丢入的食物伸出触角。谁也说不上来，踩到野百里香在我们身上产生的刺激，为什么如此令人愉快，而大爪草引起的刺激又如此令人不快，这种花和另一种是同样美的呀；但仔细的探究有可能让我们超越这些不加掩盖的事实。某些气味对脉搏有刺激作用，增加我们的活力感，而没有这种生理学效果的类似气味，也可以通过联想获得替代性的效力。同样，一些不愉快的自然气味，如猎狗舌头和老鼠的气味，可能显出实际令人沮丧的作用，并通过联想获得强化。比如，它们唤起的记忆是拥挤的房间，或是在肮脏的街道上，有机微粒引起的疲劳和麻木。

常有人说，人对芳香和美味的愉悦，并不像看美的东西或听音乐时那样，有相关的审美情感。但我们怀疑这种死板的看法是不是准确，并倾向于认为，它们之间的差别是程度上而不是种类上的。困难之一在于试图对两种作用做出区分，一种是某些芳香的即时作用，另一种是它们唤起愉快联想的作用。此外，虽然斯图特（Stout）教授说"气味不像声音和画面那样适合于连续的想象复苏"，因此不会出现那些在我们的精神生活中占有很大份额的连串观念里，对这一点我们当然同意，但从我们的个人经验出发，说人没有嗅觉记忆也是不正确的。文明一直高度依赖眼和耳，人的嗅觉似乎每况愈下。但我们希望，这种情况仍然是个

① 乔治·霍华德·帕克（一八六四年至一九五五年），美国动物学家，哈佛大学教授，长于感觉器官的解剖学和生理学。——译注

体的，而不是种族的，也就是说仍然是调整性的，而不是变异性的。例如，对花园日益增长的热爱也许能起到一些作用，以防烟草和汽油把嗅觉消耗殆尽。我们从自然界得到的一个启示是，前进性演化的一个基本秘密存在于我们长期以来对有机体复杂系统深入和广泛的占有，而在接纳极少数臭鬼笔、猎狗舌和大爪草的同时，我们将坚守对乳香和没药的欣赏，它们分布极广，夏日魅力有一部分就在于此。

十四　乡村之声

　　人类的休息本能并不十分发达，即使是不被劳作束缚的人，也容易持续工作过长的时间。心理动机带来的刺激，往往强烈到足以使我们无视生理上的警告，还有些常见的器具，如烟斗，可以拿来掩盖疲劳的信号。但接近疲劳的危险区时，往往出现一个众所周知的症状，那便是对声音，尤其是对噪声的过度敏感，而精力充沛、并未过劳的大脑对这些声音几乎无动于衷。有案例记载，疲累的人能听到数米外房子的门铃响起，而当寻常的城市声音开始成为不寻常的过敏源时，就成了对那些有能力度假者的提示：他们该去乡下了。毋庸置疑，乡村假期的部分理由就是养耳。笼盖山野的大寂静，比睡觉更能让人恢复精力。

　　据说世界上最嘈杂的东西是太阳黑子，太阳大气层中咆哮的气体涡流，直径有时可达数千公里，可是对赫胥黎在每个有机体中看到的漩洑[1]，我们往往听不到任何声响。物质和能量不断地进进出出，那是分子的喧嚣，而在我们看来，好像一切都很安静！有燃烧和爆炸，有溶解和水合，有还原和发酵；迈克尔·福斯特（Michael Foster）[2]爵士说过，生命体是"化学变化和分子变化的漩涡"；可我们的耳朵还是听不到半点喧闹。在我们周围的树林和草场，在所有这些正在成长的生物中，在每一个正在分裂的细胞里，都有非凡的技巧和染色体严谨的分裂，然而一切都比哑剧还要安静。惠特曼写过小麦生长的喧嚣，但我们

---

[1] 严复译注《天演论》："赫胥黎他日亦言，人命如水中漩洑，虽其形暂留，而漩中一切水质刻刻变易，一时推为名言。"——译注

[2] 迈克尔·福斯特（一八三六年至一九〇七年），英国生理学家。他是赫胥黎的学生，一八八三年成为剑桥大学首位生理学教授，诲人无数。——译注

觉得，生命进程的鲜明特色是它们的沉默。在生命体的街道上，房屋多么安静地垮塌又重新建起；这些胶体之众的分子又是多么安静，幽灵般地从彼此身边匆匆而过！幸运，对我们来说，真是幸运啊；我们在乡村纷繁的生命中间享受着寂静，远处一辆喷着气的火车头弄出的动静，比亿万个动物、植物的声音加在一起都要响亮，除非是在鸟儿放歌的季节（有些高尔夫球手抱怨，球场上的云雀让他们失去了打球的兴致），或是羊羔与母亲分离这样不寻常的、颇有几分人为的场合。那时整个夜晚都充满了喧声。

在温带国家，剧烈的变化很少，无机世界的大部分声音都是压低的。的确，也有雷声滚滚、惊涛拍岸，有暴风雨的嘶吼，有雪崩和塌方不祥的巨响、森林大火的爆裂和咆哮、地震的呻吟和悲号，以及洪水的一路轰鸣，但这一切或多或少，总非寻常。我们更习惯的，我们已经爱上了的，是更温和、更微妙的声响，带着几许音乐①——大海呜咽，林风飒飒，小溪欢歌，松脆的枯草和萎缩的牧草窸窸窣窣，干透的土地迎接大雨时连舒长气，还有微风伴着一阵轻音，摇响路边晒干的蓝铃草，或让山杨叶一阵抖颤，或让欧石南几番丁零，或把喋喋的低语，度入湖边蒲草的口中。

似乎总是值得回味的是，在亿万年的时间里，无机物的声音是地球上仅有的声音，因为一直要等到生命经历多个极长时期②的养育之后，它们才找到自己的声音。昆虫是第一个打破沉默的，而且，众所周知，它们发出的声音几乎完全是器乐。嗞嗞声或嗡嗡声主要缘于翅膀的快速振动，往往一秒钟就能拍击空气一百多次，但有时在靠近翅膀基部的地方，有一种特殊的颤振乐器。鸣叫或颤振是由于某种"摩擦发音"的器官，一个坚硬的部分擦刮着另一个坚硬的部分，就像小提琴的琴弓——

① 本文发表于弗朗西斯·达尔文爵士《乡村之声》（Rural Sounds，一九一七年）一书之前。——原注

② 一个极长时期相当于十亿年。——译注

可能是腿刮翅膀，也可能是肢刮身体。真正的、通过气管中的气流引起声带振动而发出的声音，是从两栖动物开始的，但直到鸟类和哺乳动物出现，声音才充分发挥出效力。

总体而言，温带的无机物声音不像热带的那么强烈，我们的动物发出的声音也是如此。海涅把沉默定义为跟英国人谈话，这里面暗含的责备大概也把英国的动物算进去了吧。我们拥有的实在少得可怜，怎能跟温暖国家雨蛙的小夜曲、蚱蜢和蝉的管弦乐、鹦鹉和猴子的喋喋不休相提并论！除了鸟类求偶的时候，我国当然是非常安静的。前几天我们参观了一家养蜂场，里面有大约一百个蜂巢，蜜蜂满天飞，沿着带有玻璃罩、用于观察蜂巢的宽阔甬道来来往往，就像拥挤时段的斯特兰德大街①。蜜蜂有几十万只，虽然嗡嗡声比我们以前听到的都要强烈，但就算是在一条开花的欧椴树小路上，也只是让空气中充满了愉快的、震颤的低鸣。

在八月的暮色里，我们来到一个美丽的湖泊，它隐藏在欧洲赤松和云杉林中。放眼望去，只看到两只鸟儿，那是一对小鸊鷉，每隔一两分钟便潜入水下，不时发出可能最轻柔的叫声：喂——喂。如果不是这里的寂静几乎未受干扰，你是听不到它们的叫声的。不时有一条银色的鳟鱼高高跃起，恍然亚瑟王的神剑；但也只有这些了——直到一只斑鸠突然发声，咕噜咕噜，低沉、浑厚，神奇地带来抚慰与温和（千万不要让农事干扰这样的时刻）。不远处，我们不知道为什么，有人在放火烧一座巨大的蚁冢，冢顶熊熊，内里暗红。受害者纵然数以万计，可是从火海当中，从燃烧的城池惊惶外逃的混乱中，却没有传出一丝的声音。寂静并非因为我国动物稀少——绝大多数的"隐居"习性造成了这样一种错误的印象——只是相对而言，很少有动物急促地借物发声，啄木鸟的槌声或沙锥的鼓声就是这么来的；我们大多数动物的声音都很轻，或者

---

① 斯特兰德是伦敦一条有名的商业街。——译注

说比较寡言。

人在视觉锐度上差异很大，同样，有些人能听到别人听不到的很多声音。例如，一位耳力好的通信者告诉我，他听得到蝙蝠翅膀的扇动、昆虫下颚的闭合、毛虫的咀嚼和蚯蚓的急行。

苏格兰北部的仲夏时节，几乎从无黑暗——有时可以保证午夜读书，至少云雀不叫的时间不会超过两小时。现在白昼迅速缩短，寂静的时间想必更长，可是在夜深人静的时候，我们却能听到黑暗里的居民在狩猎。比如刺猬，就在一片静谧中犀利地叫着，用的是一种介于猪哼哼和尖叫之间的特殊声音。即使在阿伯丁郡，有时也能听到欧夜鹰的呼呼声，合着它翅膀响亮地拍击，因为它在夜间捕食昆虫，或可听到雄鸟立坐枝头时的颤鸣。仓鸮的尖叫，灰林鸮的笃喂——笃呼，都是夜晚熟悉的声响，有人还能听到蝙蝠的声音。公鸡打完鸣不久，某些红嘴鸥颇为惊心、粗嘎的吼叫就会把人惊醒，它们是来打探母鸡吃食的地方留没留下什么残羹冷炙的，此后很快就有更为欢快的寒鸦。接着，在相邻的高沼地，雄松鸡迎来了曙光；雨燕随后开始互相追逐——它们很快就要离开我们了——它们半是欢欣、半是谵妄的叫声，无论天气好坏，都是我们在夜晚听到的最后一种声音。

独特的地方自有独特的声音，我们满怀期待，要耳听为实。高沼地要是没有杓鹬忧郁的叫声，在筑巢时节起伏飘荡，泛起美妙的涟漪，那就算不得完整的高沼地了；在河床，我们等着蛎鹬吹响警哨：毬——呀，毬——呀；在河口，我们享受着红脚鹬的警告信号，叫声里还伴随着悦耳的颤音，那是雄鸟在春天提高了鸣叫的力量；在清水墙边的荆豆丛中，黑喉石䳭似乎一起敲击着石头；凤头麦鸡在农田里哀怨地叫着；我们抄近路穿过欧石南的"保护区"时，一只又一只松鸡用愚蠢至极的癔症性狂笑，咕咕咕地宣告着我们的擅自闯入；但我们最喜欢的，还是

"古榆树上鸽子的闷叫"①。

只有在心理学手册中，我们才能找到纯粹的感觉经过分类的知觉，因为围绕着所有我们珍视的乡村之声，已经汇聚了种种的记忆、联想、观念，我们听到的已不只是耳朵听到的了。想象力可以捕捉到一些奇妙的"无线"信息。我们在日暮时分走过公共用地，无声地思考着，这时在八百米开外，有条狗在村舍门口吠了一两声，然后，不待恢复完全的寂静，我们就听到孩子们在床上辗转反侧，做娘的毛衣针穿梭相碰，放羊的守在炉边，窸窸窣窣读着报纸；我们又可以看到史前时代，人类的生活仍然仰赖着对声音的识别和解释，就已开始将狼的嫡表兄妹驯化成可以信赖的卫士，看护他的牧群和炉灶。其他熟悉的乡村之声也是一样的；我们听到的不光它们本身，而是它们象征的东西，是它们令人触景生情般唤起的回声，因为人永远在把自己放进所谓的外部世界一并感悟。在云雀歌声的奇迹里，听到雪莱的音乐和梅雷迪思的智慧，从苍头燕雀的欢歌，想到长翅膀的小天使，并在"百合花闷住的夏蜂嗡鸣"中，"找到与旋转的恒星暗藏的某种结合"②，这，正是它特殊的魔力所在。

---

① 这一句出自英国诗人丁尼生（一八○九年至一八九二年）的叙事长诗《公主》。——译注

② 这两句，加上前面的苍头燕雀和小天使，均出自英国诗人伊丽莎白·巴雷特·布朗宁（一八○六年至一八六一年，另译白朗宁或勃朗宁）的叙事长诗《奥萝拉·利》。——译注

十五　一年之秋

秋天美好的日子，饱含着平静的喜悦。它通过感官抚慰着心灵，让我们感受到大自然疗愈的力量。空气有了霜冻的迹象，给锻炼平添几分情趣，让身体为之一振。地上的落叶和窸窣有声的脆草，散发出令人愉快的味道，有时像消毒剂，有时像熟苹果。随着树叶慢慢枯萎，树林脸上的红晕也日甚一日。在小山边缘，我们见到一棵野樱桃树，阳光打到它的红叶上，整棵树就像着了火一样——一株"燃烧的荆棘"①，果然是不错的。孩子们在采集黑莓果，他们鲜艳的围巾和外套、红红的脸蛋、沾染了果色的嘴唇，无不带着欢欣的色彩，与成熟的、正在成熟的浆果和萎去的叶子相映生辉，灿烂有如葡萄美酒。有些年龄略大的男孩女孩，整个星期六都在土豆地里干活，五点钟放了工，显然带着对晚饭的憧憬，轻捷地跃过篱笆，走上马路，这一幕看了，让人心里怎不舒坦？

与春天和初夏相比，乡下的秋天当然是个非常安静的时节，因为大部分能歌善唱的鸟儿都走了，蟋蟀、蚱蜢和其他鸣虫的器乐也到了停奏的季节。然而，就在这样想的时候，我们听到了杓鹬相互鼓励的鸣叫，它们要从高沼地飞向海边的冬居地了。还能听到秃鼻乌鸦和鸥、云雀和欧亚鸲，以及其他一些鸟类的声音。大批的凤头麦鸡最近非常忙碌，在光秃秃的田野上猎食小虫，有些凤头麦鸡集结成群时，压低了声音相互交谈，它们要从阿伯丁郡迁徙到爱尔兰去了——这是它们最喜欢的秋季旅程之一。同时必须承认，秋天是不太健谈的，所以我们必须用色彩上

---

① 焚而不毁的荆棘出自《旧约·出埃及记》："耶和华的使者从荆棘里火焰中向摩西显现。摩西观看，不料，荆棘被火烧着，却没有烧毁。"——译注

的收获，来补偿声音上的损失。极为丰饶的颜色，已经取代了植物生长期君临天下的绿，就像棱镜分割了白光。虽然花儿争妍斗艳的时候已经过去了，终究还有大片大片明亮的色彩提供补偿。

有这么多感官的愉悦，可是还有丰富的科学趣味呢。生命的巨浪在春天积蓄力量，在夏天攀达高峰，在冬天偃息休憩；渐渐沉落就是秋天了。没有哪个季节的难题比它更丰富。我们俯下身，沿着高尔夫球场，望向西沉的太阳，便看到无数下落的蛛丝在颤动，它们在这一天的早些时候，为众多小蜘蛛充当了丝制的滑道。这些小纺纱工从一个拥挤的地方，乘着风的翅膀，开始了被动的迁徙。草地上缠结的蛛丝，诉说着它们走完的旅程。午前时分，蛛丝在露水或解冻的白霜中闪闪发光，形成天下的一大美景——如史蒂文森（R. L. Stevenson）①所说，"蛛网的每根丝都挂着钻石般的露珠"——而在我们眼里，乱丝反而更美，因为我们知道，这些散落凌乱的蛛丝意味着生命战胜了物质。阵雨般的蛛丝绝不限于秋天，但在很多地方，它们都是秋季的特征，我们可以在心里，把它们与更活跃的鸟类迁徙联系在一起——迁徙带走了我们所有的夏季访客，也给我们带来少量的冬客，如田鸫、白眉歌鸫、雪鹀和普通潜鸟。此外，到访的还有各种类型的鸟队（戴菊和冠小嘴乌鸦形成了很好的对比），它们是从北欧前往温暖的南方途中，在英国歇脚的。

秋天另一个颇具特色的景象，是鲑鱼冲过急流，飞越瀑布，一路奔向产卵场，到了那儿，雌鱼产卵于沙砾——在苏格兰通常为十一月和十二月。在海里的营养期，为它们在河中的禁食期兼繁殖期提供了巨大的能量储备；毫无疑问，它们受到水的温度和含氧量等因素的影响；一种内在的动力——体质上的季节性变化——鞭策着它们，让它们回到出生的水域，或前往特征相似的水域。但在思考这种洄游现象时，如果我

---

① 罗伯特·路易斯·史蒂文森（一八五〇年至一八九四年），苏格兰小说家和诗人，《金银岛》和《化身博士》的作者。——译注

们在鲑鱼与溪流的斗争中，认识不到一种大于物质的力量蓄积，就可能在错误的简化方向上走得太远。我们的意思是，从某种意义上说，鲑鱼是一种性格——如果你愿意，也可以说是一种“鱼格”——不仅是一个只有收缩和放松、消化和燃烧的生命，而且是一个有感觉、有意愿的生命，是这两种生命的合二为一。正如鲑鱼表现出一种极为积极的遗传冲动，生理印记和精神印记的表达既是种族的，也是个体的，因此在这些靠风传播的翅果和带降落伞的种子形成的云中，我们在一个非常不同的层面上，借着“弯弓蓄力”的小提示，看到了同样迷人的适应性问题，正是它，确保了一代又一代的种族延续。

寻常的叶枯叶落，从来不会让保持好奇心的人失去兴趣。整个夏天，它们是一座座多么忙碌的合成实验室呀，它们制造的复杂的碳水化合物又是多么丰富呀！而现在，实验室的装备已经破旧不堪，叶子必须死去了。但它们的死亡有高超的艺术，因为几乎所有有价值的，都从叶迁移到了茎，剩下的、掉落的，几乎全是没用的东西了；还有精细的外科手术，切断了死物和活体之间的联系，同时也包扎了伤口（让人怪怪地想起螃蟹和龙虾的断肢）；还有“灰烬之美”，这是由于叶绿素的分解和花色素苷等特殊分解色素的形成。再往前看，我们会看到蚯蚓将落叶拖进地洞，从而造出腐殖质的土壤，有时会不知不觉地埋下未来的树种。我们不知道，在生机勃勃的自然界，是否还有比这更美的一连串的适应性事件。

胡蜂巢是夏季的“效率”典范，此时正在沦为废墟；所有的房客都走了，入侵者在洗劫这座大厦。几个星期之前，因为恶劣的天气和寒冷，工蜂大军折损严重，蜂后力竭而亡，仍然活着的工蜂吃光了剩余的蛴螬，然后也死了，雄蜂同样不复存在，所以现在，蜂群仅有的幸存者便是年轻的蜂后，它们已经交配过了，此时找到隐蔽的角落，开始进入“冬眠”。对熊蜂来说，故事大体相同，只有年轻的王后留下，藏身于冬屋。然而，与此形成鲜明对照的，是人类庇护下的蜜蜂。周详的储藏本能，更细的分工和更紧密的团结，以及更持久的"蜂房"，使这一群体有可能避免在普通胡蜂和熊蜂群中看到的可怕的秋尽蜂亡。蜂巢里的活动确实降到了最低点，但关键在于群体能够持续，在为主人生产了很多蜂蜜之后，如果他的要求不是过于贪婪，那么遇上好年景，它们实在用不着向他索要冬天的喂养。但人人都知道，蜂巢里也有秋天的悲剧，因为在蜂后受精后的一段时间，工蜂会齐心协力，消灭现在已然无用的雄蜂，要么直接出手谋杀，要么把它们赶出家门，任其自生自灭。

相较于秋天的自然史特有的问题，更深一层的是普通的生物学问题，也就是说，这一切意味着什么？答案是，季节是外部设立的周期，生物不得不据此进行自我调整。但是，生物不仅用一种自我保存的方式，变得适合应对或规避季节性的困难，而且还进化出了种种精妙的策略，利用这些困难作为前进的跳板。正如辛勤工作与安静休息之间的交替——这在高等动物身上已是生理上的自然——与昼夜交替颇为吻合一样，较长时期的节奏也与季节周期颇为吻合。不能说工作和休息的交替，例如内分泌腺的"进货"与"出货"，是昼夜交替直接和必然的结果，因为有些生物，如蜜蜂，是整夜也整日工作的；同样也不能说季节周期是直接的原因，例如雪兔和雷鸟在冬季变白、刺猬与蝙蝠冬眠，或大多数北温带鸟类的迁徙。我们只能说，外部的周期性和内部的节奏相互作用了千万年，已经形成了一种适应性的调整。

那么，我们从秋天的手段里看出了些什么呢？首先，个体生命走到尽头时，有多种多样的安排，来保证种族的延续。秋天的果实和种子的铺张，鲑鱼的逆流而上、奋力返乡，胡蜂蜂后和熊蜂蜂后寻找过冬的住所，蜜蜂在蜂巢里抱团取暖，无不说明了这一点。其次，牺牲一部分以拯救全体，比如树叶从它们供养的树上落下，蜜蜂屠杀雄蜂，或胡蜂与熊蜂数量令人惊心的急剧减少。第三，为即将到来的苦日子做准备，例如植物对淀粉和其他消耗品的自动储备，蜜蜂对蜂蜜、蚂蚁对谷粒的本能储存，松鼠对坚果、鼹鼠对蚯蚓半本能半智能的储藏。还有制作或收集毯子，以抵御冬天的寒冷，如芽周围导热性差的鳞叶，蠋在化蛹休眠前制作的睡袋，睡鼠和其他真正的冬眠者为冬蛰地收集的柔软被褥。雪兔和雷鸟的白化也是一种保护性的准备。第四，有一种办法，你大可以称其为走为上策。最明显的例证，是北温带的大多数鸟类迁徙到南方舒适的冬居地。面对即将到来的灾难，它们的逃脱是如此成功，竟至于不知道年年还有冬天。或者，同样地，在刺猬、蝙蝠、睡鼠和旱獭真正的冬眠中，有一种脱离正常的"温血性"、故态复萌的现象，一种向祖先"冷血性"的季节性复归，这使得动物不那么容易受到冬天的伤害；事实上还能蔑视寒冬，特别是在一个僻静、封闭、常常铺盖着被褥的睡房里。龟和蛙、蜗牛和蛹的休眠固然不能与真正的冬眠（仅限于少数哺乳动物）混为一谈，但即使在这样的昏睡中，也有一种同样的、总体上的观念，认为这是在生理上重新进入了"潜伏"状态，使生物不易受到伤害。生命之火妥当地封了炉，几乎闷熄于自己的灰烬，仍在冬夜里低燃，就是"不灭"。毫无疑问，年年入秋都意味着减员和牺牲，退隐和筛选，但那些认真研究秋季生物学的人，必将有更多的认知——适应性变化如此之多，自动的、本能的、智能的，它们确保了延续、坚持、胜利。

十六　水獭的生存术

水獭这种动物太腼腆了，所以英国几乎所有的博物学家，至多也只能对它的日常（更确切地说是夜常）生活投以可望而不可即的一瞥，以此来补充他们在动物园里对它的了解，增加一些他们通过研究它的结构——例如精心制作的头骨标本——所收集来的信息。我们知识中的这一空白，已经在几年前由特里加森（J. C. Tregarthen）①先生填补上了。《水獭的生活故事》（*Life Story of the Otter*）②所表现出的耐心观察和内心的同情，也可见于他为狐狸和野兔所写的成长史，这种品质让他能够揭示动物的隐秘生活（*vie intime*），而这些动物，至少可以说是非常难以接近的。我们希望，我们的赞赏——对这种动物也对这本书——将有助于向某些尚未有幸与闻的读者，介绍特里加森先生在博物学领域赏心悦目的研究工作。我们尤其要关注的问题是，水獭是怎样守住英国这块阵地的，因为很多同目的动物，如獾和斑猫、林鼬和貂，已经非常稀少了。如果只是说到水獭大脑的天资，它敏锐的视觉、听觉、触觉和嗅觉，它的肌肉组织，下颚令人瞩目的咬合力，借助后腿的仰泳，以及起着操舵作用的尾巴扫动，那是不够的，因为我们上面提到的那些哺乳动物并不缺乏这些品质，可它们如今保有的生活远不如水獭那么稳固。

水獭有什么过人的长处，让它能够在人类的迫害和自然保护区减少的情况下，仍能保持自己的立足之地？一般人给出的答案也许是，水獭在野外的天敌相对较少，而且是最隐蔽的野兽之一，很大程度上夜间活动，很少自我重复，狩猎时难以捉摸，又是非常彻底的水陆两栖。特

---

① 约翰·库尔森·特里加森（一八五四年至一九三三年），英国田野博物学家和作家。——译注
② 默里社，伦敦，一九一五年。——原注

里加森先生还提醒读者别忘了水獭微弱的气味，"除了受过训练的猎犬，很少有狗能注意到它"，也不要忘记它捕猎时的足智多谋和出色的耐力。水獭生存的一部分秘诀，还在于它食谱的多样性。水獭主要以鳗鱼、鳟鱼、鲑鱼、白斑狗鱼、比目鱼等为食，但也能将就着吃海岸的贻贝（咬破它们的壳）、岩石上的帽贝和湿地里的青蛙，野鸭和兔子照样能让它胃口大开。还必须记住，就像猎狐一样，无论我们对猎捕水獭有什么人道主义或唯美主义的看法，不碰幼崽的打猎者都很有可能保护了水獭的生存，而不是让它们消失。作为体育运动的狩猎起到了保护作用，挽救了这种动物，使它不至于因为身上的皮毛而灭绝[①]。

水獭有一种令人钦佩的品质，即亲代抚育的力度，尤其值得称道的是母爱。幼兽——满身绒毛，眼睛紧闭——出生在软物铺垫的窝里，由外人难以涉足的河岸庇护着；母亲一开始几乎不会离开它们，除非是焦躁不安地跑出去寻找必需的食物，以维持奶水的供应。为了保护幼兽，它像很多人类母亲一样，睡觉时至少要留出一只耳朵，随时听着外面的动静。仔獭睁开眼睛后，它会小心翼翼，抱着它们晒一会儿冬日的太阳，因为仔獭往往是一月份的生日。它们能攀能爬时，它会带它们在附近徘徊，传授林区里的生存技能，教它们识别意味着危险的种种声响。它用牙惩罚不听话的愚勇——尤其是雄仔獭出格的举动——然而，所有可以察觉的危险都远去以后，它也会加入仔獭的嬉戏。当它们八周略大，能跟着它走远路时，它就把孩子们带到一处安静的池塘，教它们游泳，循序渐进，通过不断扩充的经验，提供有益的刺激，用以唤醒它们天生的禀赋。过上大约一个星期，它们就能和鱼儿一起游泳了——这一周似乎更像是玩耍而不是在上学，因为水獭是幼年玩耍时间特别长的动物——这是一段不用负什么责任、显然充满快乐的学徒期，同时也为

---

① 关于此事的另一面——令人遗憾的一面——请看约瑟夫·柯林森（Joseph Collinson）所著《被猎捕的水獭》（*Hunted Otter*），动物之友协会，伦敦，一九一一年。——原注

未来的生活做着准备。谁能说母亲在和幼崽一起"捉迷藏"、蹦跳嬉戏时，没有在某种程度上重新焕发青春呢？对这种迷人的动物来说，玩耍的精神从来不会完全离开，这实在是个了不起的事实；即使是有家有业的父亲母亲，也无法抗拒欢闹场合的吸引力，它们会一直玩到鬼门关前——"全世界最爱玩的动物"，特里加森先生在康沃尔郡的一位朋友说。

我们接着谈教育。仔獭还得学会喜欢鱼的味道，学会不费力气地捉鱼，并用正确的方式吃鱼——鳗鱼从尾巴吃起，鳟鱼从头吃。它们也得学会捉青蛙，剥它们的皮，因为外面的东西不好吃；学习寻找鳟鱼和鳗鱼；学习在湖湾的浅水区找出藏在沙子里，或贴着沙子、只露出眼睛的鲽鱼。它们还得学会对付兔子和黑水鸡，而且在这学习过程中，它们必须继续努力，掌握各种危险声音长长的清单——尤其是人声和狗声。它们还得学会在水下潜伏和出水时所有不同的方式。毋庸置疑，长长的童年和父母的精心教导，对水獭的持久生存功不可没——对这一事实，那些抱着为生存而斗争观念的人仍然没有充分的认识，浑然不知自己的观念过于教条和死板，因而难以称得上准确了。

水獭另一个很有吸引力的特点，是它的浮浪生活，它有流浪精神。"无家可归的猎户，"特里加森先生这样称呼它，"荒野里的贝都因人。""已经知道，它一个夜晚的行程可达二十四公里，白天睡觉的不同巢穴之间，相距十六或十九公里的事并不罕见。"它从冰斗湖到溪流，从河川到海岸；它远远地游向海洋，到达孤零零的岩石；它沿着悬崖徘徊，考察洞穴；它翻越欧石南覆盖的山丘，甚至穿过隘口，其间藏身于蕨丛或堆石的中心；它既不储藏，也不冬眠，而是总在移动——食肉动物里四海为家的吉卜赛人。

用"足智多谋"一词来形容水獭，是恰如其分的，因为它无论在陆地和水中，在夜晚和白昼，在干燥的洞穴，或在瀑布下的岩棚上，都同样轻松自如；它可以入水时不溅起水花，贴近水面游动而几乎不泛起一丝波纹；它能转着圈，潜入深达九米的水下，也能在河岸下、在溪流中，一躺就是好几个小时，只在水面和陆地之间的空隙里露出鼻孔。它知道自己在灌木丛里的足迹，因此决不会走回头路；它从不返回猎杀的现场，因为那是一条险途；它会把猎人的夹子扛在肩头，找到桤木根把它掰掉；它会在枪口喷出火光的一刹那潜入水中，躲避子弹；它是无比警觉和机敏的亡命徒。两只渴求同一配偶的雄獭之间，会发生野蛮的战斗，而为幼兽准备食物，往往会让父母的元气透支严重；但对这些齿尖颚健的猛兽来说，主要的生存斗争远非种内的竞争，而是避险和觅食。

最严峻的考验恐怕是一场漫长的严霜。起初，它给生活增添了别样的色彩，因为野禽成群地飞来，沼泽的冰面成了难以觅得的游乐场。水獭有可能在冰面下捕捉白斑狗鱼，猎食深埋在软泥里的鳗鱼和丁鱥。但在特定情况下，有证据证明，当冰面上的呼吸孔迅速封冻，水獭很容易受困水下，当幼兽太重而无法携带，也没有足够的力量踏上旅程，因此拖累了父母，当野禽离开封闭的水域飞向海岸，当大雪有可能闷死全家，这些都是可怕的经历。只有在这样的困境中，水獭才会出于绝望，开始趁着夜色，试一试农夫的鸭子。可是，这最后的资源非常有限，结果也可能发现条件过于苛刻，最后，母亲还是死于为自己和后代获取食物的努力。"在芒茨湾的马利恩（Mullion），一个严寒的十二月，当波尔杜溪结了冰，海水失色，浪涛汹涌，水獭无法捕鱼时，这可怜的动物便在绝境中，爬进了一座正在修建的平房，有人发现它在那儿蜷缩着死去了。"我们要感谢特里加森先生，让我们得以就这种有吸引力但又难以捉摸的动物的生活，把我们五花八门的个人之见，整合成一个有生命的整体，也想感谢他在解答我们关于它怎样生存的问题时提供的这些提示。他告诉我们，除了了不起的天赋，水獭还别具优势，那就是最周到的母爱、让孩子长大后极少感到茫然无措的精心教育，以及漫游世界的精神，其结果，就是难以匹敌的居无定所。如果最终证明，人类的冷酷无情让这种坚持了如此之久的迷人动物也难以承受，那么英国注定要变成一个更加乏味的国家了。

十七　仲冬

季节的生物学意义在极端情况下表现得再清楚不过了，而在凯恩戈姆山脉①的山坡上，冬天意味着什么可一点也不模糊。夏天时还只是微风来着，此刻却成了刀锋，宛如死神的镰刀——既有所选择，也一视同仁——年年冬天都是如此。白雪茫茫，让我们想到小睡和长眠，沉默也是如此。你会想起南森（Nansen）②在极北之地待了多少个月而听不到一声鸟鸣。就连杓鹬也早已离开高沼地，飞到海岸去了。雪地上几乎一个脚印都没有，我们有一种闯入了无生代世界的感觉。当然，这并不像看上去那么糟糕，因为时不时地，我们能亲眼看到一只雷鸟，穿着冬衣，在雪地里伪装得那么巧妙，还有个什么东西在动，披着隐形衣，那是一只受惊的白兔在奔突。毫无疑问，在欧石南这些植物的根部附近，有相当多的穴居生物；在加拿大，披肩榛鸡（Ruffed Grouse）会钻进柔软的雪堆，掏出一条短隧道；但总的事实是，几个月前还在这儿的大部分生灵都睡着了，或是去旅行了，或者作为个体，已经不复存在。

生物界在冬天的面貌必须从内外两方面来考虑，因为生命是有节奏的，以季节为区隔。一方面，高水平的活动之所以不能长期持续，之所以必须用休息期来打断，是有深层原因的。这不仅仅是生命的炉火需要重新拨旺，还因为骨架需要机会保持一定的年轻。连轴转是致命的。对许多生物来说，冬季是恢复活力的过程有机会抵消衰老侵蚀的时候。

---

① 凯恩戈姆山脉位于苏格兰东部。一八九五年二月十一日，在这里录得了英国最低气温：零下二十七点二摄氏度。——译注

② 弗里乔夫·南森（一八六一年至一九三〇年），挪威探险家和科学家，一八八八年带队首次穿越格陵兰内陆，一九二二年获诺贝尔和平奖。——译注

对过度劳累的大脑来说，不分昼夜地睡觉往往非常管用。刺猬和睡鼠、旱獭和蝙蝠的冬眠，乌龟和蛇蜥、青蛙和蜗牛的昏睡，无疑是对严酷的外部条件的适应性反应，是兔子大哥"低卧而不吭声"计谋[1]微妙的有机例证；但我们的观点是，在某些情况下，冬天的静止有更内在的一面，它是紧张的生活中不可避免的停顿。颇不寻常的是，在某些低级但非常活跃的动物（如外肛动物）身上，骨架可以周期性地拆散再重建。你不禁怀疑，有机体的不朽是不是要比通常以为的更常见？而休养生息显然兼具面向未来和回望过去的双重意义；它是纵身一跃之前的屈身蹲伏。许多有机体已经掌握了这一课，以退为进（*se reculer pour mieux sauter*）。冬天的静卧给了我们春天的雄起。

在下方一百来米的高沼上，散落着零星的桦树，看那光裸而无生气的树枝，阳光为下垂的梢头挂上了钻石；它们告诉我们的是一个怎样的故事啊：关于外围器官时有时无的存在（桦树落叶，披肩榛鸡的爪子也会脱落）；关于放弃脆弱器官的益处；关于有机体的合理安排，因为叶子在枯萎时，已经把所有值得保留的东西都还给了树，而且提前很多个月，就在保护妥当的芽里，为遥远春天的叶子和花朵做好了准备。

从外部来看，最显著的事实是，化学反应的速率因温度升高而增加了，因为这意味着分子运动速率的增加。确实，关于温度对化学反应的影响，所谓的范特霍夫定律[2]放到生物身上时，似乎不是特别适合相关的变化，原因在于它们可能是异质系统，其中的物理和化学过程混杂在一起了；但明显的事实是，温暖的影响是增加生命活动或新陈代谢的速率，寒冷的影响则是减少。此外，尽管有冰川跳蚤，温泉里也有小生命，但绝大多数活跃的动物都是在非常狭窄的温度范围内活动。稍微

---

① 兔子大哥是源于非洲的狡猾动物形象，由黑奴带到美国后，吸收了当地诡诈者的各种属性，经作家乔尔·钱德勒·哈里斯（一八四八年至一九〇八年）的再创作而变得家喻户晓。——译注

② 由荷兰化学家和一九〇一年首届诺贝尔化学奖得主雅各布斯·亨里克斯·范特霍夫（一八五二年至一九一一年）提出的规则，即大多数化学反应的速率随温度升高而增加。——译注

太热，或稍微太冷，生命之轮就会停止转动。我们用不着讨论寒冷对蛋白质合成有什么影响的问题，它们是蓬勃的生命得以延续的基础；我们承认我们无力解释深海鱼类的新陈代谢，例如，它们在极深处永恒的冬天里生活和成长——以什么样的速率，我们不知道——那里的温度年复一年，保持在淡水的冰点附近；但一般的说法大抵不错：冬天减小了生命活动的速度。如果减速太突然或太用力，生命的马车就可能翻覆和损坏，任你皇家的骏马，任你哪个国王，都无法让它重新上路。一夜的严霜过后，仅仅一座堆谷场内，就留下了多达两百只死鸟。寒暑表的读数下降得只是大了一点，就超出了小鸟生存的极限。

因此，冬季生物学的一个重要组成部分，就是探究生物已经学会或正在学习的各种应对寒冷和匮乏的方式。最好的解决之道来自候鸟，如弥尔顿所说的"谙习四季"（intelligent of the seasons），它们寻找能保持阳光的土地，以此避开冬天。非常有效的，是人称温血性的长效机制，它使鸟类和哺乳动物能够——有一定的限度和程度不同的完成度——根据外部热量的损失，来调整内部热量的产生，从而全年保持大致恒定的体温。在某些哺乳动物身上，这种体温调节不如平时完美，寒冷来临就会失灵。于是动物放弃了斗争，转而寻找密闭的空间，沉入深深的睡眠，环境的温度与睡眠者的体温相近。如果外部温度下降得不是太多，冬眠可以救命。与此类似，但效果要差一些的，还有龟、蛙等冷血动物的昏睡、蜗牛和蝶蛹活力的衰落，以及很多低等动物在有遮蔽的角落和窟窿里停止活动。它们以极度的消极来躲避冬天，它们无力坚持，但不会死亡。

我们还可以进一步想到储藏，无论是在身体内部，在冬天的几个月里，以慢慢燃烧掉的脂肪形式，还是在身体外部，以坚果窖、种子库、肉屋或其他类似的形式。进化过程中本能行为的顶点，可见于蚂蚁和蜜蜂的社会性储藏。受惊的雷鸟和雪兔，还会让我们想到另一种解决方案。它们是很好的范例，代表了那些在冬天颜色越来越浅、直到像雪一样白的动物。白色的大鸳也许有助于隐蔽和追击，在非常寒冷的环境里，也为温血动物提供了生理上最舒适的服装。我们还是不要离题太远；我们的着眼点只是想做一番有趣的探究，目标是不同的动物在面对同样的冬季生存问题时，都有怎样五花八门的解决办法。对于那些没有办法或是还没找到办法的动物，冬天或迟或早，都意味着灭亡。

回家的路上，我们经过了一个小冰斗湖，仲夏时分，这里曾经多么欢快而忙碌，现在却已半冻，看上去和高沼地一样没有生气。湖边的水清澈干净，但往下看，我们见不到一丝生命的微澜。现在，池塘生物化学家们给我们讲了一件非常有趣的事：秋冬时节的衰颓会产生某些物质（"增大剂"），日后能促进细胞的繁殖，而到了春天，又会产生越来越多的其他物质（"增强剂"），让前一种如虎添翼。春天池塘里的生命，就这样有了神奇苏醒、脱离死亡的刺激。毫无疑问，在冰斗湖里，即使是此时，也有丰富的生命，但它们在隐藏，在冬歇，在等待。我们看着半冰封的湖面，另一种想法油然而生，在回家的路上与我们如影随形：在这个世界上，人类虽然经历了那么多的灾殃，它却是非常适合生存的。颇为耐人寻味的是，淡水在接近冰点时，会反常地膨胀，而不是收缩。这就把最冷的水带到顶层，从而让下面较暖的水减少了热量损失。冰层一旦形成，就会因浮力留在水面，下面的暖水于是保持了流体状态，动植物的生命也就得以延续。那漂浮的冰层像一幅示意图，说明了我们这个世界的动态平衡。

十八　卵子小宇宙

　　达尔文说，蚂蚁的大脑是宇宙中最奇妙的物质微粒。它是如此精密，因为它的体积比针尖还小；它是许多现成技巧的储藏室。可还有比蚂蚁大脑更奇妙的，那就是小得多的蚂蚁卵细胞（我们在市面上买来的"蚂蚁卵"，其实是正在经历变态的蛹），它以一种我们无法想象的方式，包含了整个昆虫的潜能和它全部的本能。我们对卵了解越多，就越感到神奇。那么，大家也许有兴趣花一点时间，看看我们挖出的岩穴，再看看我们凿出的磐石[1]。因为像大多数生物一样，我们都是始于受精的卵细胞。在布拉谢（Brachet）[2]教授所著《卵子》（L'œuf，一九一七年）一书中，可以方便地找到一份最新的研究报告，出自这位布鲁塞尔的胚胎学家最近在法兰西公学院发表的一系列精彩讲座。

　　卵细胞又称卵子，一般来说是非常微小的生命单位。青蛙深色卵子的直径约为四分之一厘米，可是与大多数哺乳动物的卵子相比，堪称巨卵。哺乳动物卵子的直径通常为十分之一毫米，也就是说，仅有普通针尖的十分之一大小。鸟类、爬行类和鲨鱼等动物的卵之所以大，是因为累积了巨量的卵黄。卵黄顶部有一滴重要的生命物质，像一个倒置的微型表面皿。鲸鱼的卵细胞虽然可以发展成巨型生物，其本身却不过一颗蕨类种子的大小。值得注意的是，根据动物种类不同，雄细胞或精细胞可以是卵细胞的几千分之一大小，悬在针头上的一滴液体中，可以有成

---

① 出自《旧约·以赛亚书》："你们要追想被凿而出的磐石，被挖而出的岩穴。"——译注

② 阿尔贝·布拉谢（一八六九年至一九三〇年），比利时医生和胚胎专家，布鲁塞尔自由大学医学系主任。《卵子》指他写的《卵子与个体发育的因素》（L'œuf et les facteurs de l'ontogenèse）。——译注

千上万的精子左奔右突。

　　卵细胞虽然微小，却含有很多不同种类的成分，这些成分常常按区域或某种特定的模式排列。根据某种理论，卵的各个区域有质的不同，有些区域有特殊的"器官形成质"，其他区域则没有；按照另一种理论，各个区域在密度和内含形成质的反应速度上有量的不同。也许这两种理论都对。已有精细的实验确定，在某些卵细胞中，例如被囊动物和栉水母，卵的某些特定区域——有时可以用颜色来区分——通常会发育成动物的特定器官。另一方面，如布拉谢教授所说，也不能把大多数卵细胞的模样，比作由不可更换的碎片组成的丑角外套。因为卵的一部分往往相当于整体，至少在发育的早期阶段如此；就算把卵相对较大的一块切除，往往也不会对未来的胚胎造成任何伤害。除了营养丰富的卵黄——通常是卵利用母体提供的物质积累起来的——它还加工出多种化学物质，构成了未来结构的一部分基石，福雷-福雷米耶（Fauré - Fremiet）[1]先生通过一项独特的研究对此做了说明。在卵细胞为自身制造的这些部分之外，还常常有些别的从零开始的东西，冠以奇怪的名称，如线粒体，很多人认为它们是明确的遗传信息载体。

　　细胞质常常呈现出复杂的微观结构（网状或其他结构），当中有一个细胞核——微观世界里的微观世界，这细胞核内部有各种各样的东西，特别是有一定数量易染色的小体，或称染色体，它又可以分解为嵌在中空（核丝）线状体区段上的染色质串珠。染色体的数目是确定的，如小鼠和百合的染色体数目为二十四条[2]，全身上下的每个细胞通常都不会偏离其特性数。所以每个物种，如野兽，都有自己的数目。有人说，白人男子有四十七条，白人女子四十八条，黑人则只有二十二

---

① 埃马纽埃尔·福雷-福雷米耶（一八八三年至一九七一年），法国生物学家。——译注
② 已知小鼠的染色体数为四十条。——译注

条[1]；但为了防止这种说法被人在政治上利用，我们需要马上做个补充，四十八也是蜗牛和某一变种香蕉的染色体数[2]。说实话，重要的不是数字本身，而是其持久性；而这只是特异性如何顽强的一个例子。

在生殖细胞的履历上，复杂的成熟过程有一个突出的结果，即染色体的数目减少到一半。一旦精细胞和卵细胞通过受精结合，就会恢复正常数目。就卵细胞来说，减数通常发生在两个极体中的第一极体——很快退化消失的微小子细胞的形成过程中。如果把卵细胞的染色体比作一副纸牌，那么在每个个体生命开始之前，纸牌的一半可以说是扔掉了。如果染色体是遗传性特性的携带者，那么纸牌的减半就可能成为一种新排列、新组合的契机，由此构成进化的原料。成熟的卵子在短暂尝试投入积极生活之后，又回到静态平衡。它被自己的废弃物麻痹了（自体中毒），变得相对不受外界影响。

众所周知，通常将一定比例的成熟卵子从惰性状态唤醒的办法，是使之受精。这就意味着多种不同的事件。（一）精细胞进入卵细胞，分别带有父亲本和母亲本遗传特性的染色体发生亲密有序的结合。根据布拉谢教授和其他一些专家的观点，精细胞与特定性状遗传——那是卵子的作用——的关系并不重要，但是，除了作为"分裂中的介质"这一主要功能，它倒是还可以担当父亲个体次要特征的载体。这种观点打击了父亲的骄傲，却可能是将某种事实因素夸大成了虚言。（二）如前文所述，受精恢复了染色质的正常数量和染色体的正常数目。在某些情况下，特别是在昆虫当中，已经证明有两种精细胞，一种可能有，另一种可能没有专门的性染色体，后代的性别取决于受精。因此，受精卵中的偶数染色体可能意味着雌性后代，奇数染色体则可能意味着雄性。可是

---

[1] 所有人类，无论什么人种、什么性别，染色体数都是同样的四十六条（二十三对），其中常染色体四十四条，其余两条为性染色体：女性两条X，男性一条X、一条Y。——译注

[2] 已知蜗牛的染色体数为二十四条；二倍体香蕉为二十二条，三倍体三十三条，四倍体四十四条。——译注

在别的情况下，后代的性别取决于卵细胞的生理特性，与受精关系不大。例如，奥斯卡·里德尔（Oscar Riddle）[1]教授已经用鸽子证明，新陈代谢不那么活跃而容量较大的蛋会发育成雌鸽。（三）精细胞的进入，意味着一种名叫中心体的微小体，像移山的老鼠一样出现了。它一分为二，在接下来的分裂中起着重要作用，有人说，它像织布机上的织工一样工作，父体和母体的贡献则是未来织物的经纱和纬纱。（四）精细胞进入时，从上极开始的一波收缩传导到卵子，少量液体排出，进入卵表面和最内层卵膜之间。（五）最后，精细胞在卵的生命物质中唤起了变化，静态平衡开始转入动态平衡。形成物质在精子进入最突前的方向上重新分配并稳定下来。这种新的架构在随后发育中的卵出现卵裂时也得到保持。另一个效果是，卵子的生命物质突然开始拒绝其他精细胞的进入，否则容易导致畸形。卵细胞的这种"阻挡"，有时是通过前文提到过的收缩来完成的，它关闭了很多卵外膜都有的一个小小的门户（卵膜孔）。

现代生物学中最有趣的章节之一，就是人工孤雌生殖，也就是通过实验，把一颗未受精的卵送上发育的航程。大部分蜜蜂专家认为，蜂后产下的未受精卵会发育成雄蜂，所以它们是有母亲没有父亲的。这是自然的孤雌生殖，还有很多别的例子。但现在已经知道，在各种各样的情况下，从海胆到蛙，人工孤雌生殖是可以通过对卵细胞的诱导实现的，它们随后还能正常发育，而在自然界的常规过程中，它们总要先受精才行。雅克·勒布教授的主要方法是让卵子，如海胆或海星的卵子，先受到某种脂肪酸，如丁酸的影响，造成卵子皮层出现氧化，形成受精膜等一系列变化。卵被激活了，如果这一过程继续，它将以解体和死亡告终。但如果在适当的时候，将激活的卵放进高渗海水，就会对即将发生

---

[1] 奥斯卡·里德尔（一八七七年至一九六八年），美国生物学家，长期在冷泉港实验室工作。——译注

的溶解起到纠正作用，使卵子重回正常发育的安全轨道。伊夫·德拉热（Yves Delage）[1]教授的主要方法，则是将海胆或类似动物的卵子置于鞣酸和氨的联合作用下，前者利于凝固，后者利于组成卵子的胶体物质发生液化。大部分卵子回到海水后，发育并形成了正常的幼体，两三例已经达到了成体形态。巴塔永（Bataillon）[2]的主要方法，是用非常细的玻璃或白金探针刺入蛙卵，然后以血洗卵。第一个事件诱发激活；第二个事件允许一个有机中心（血细胞，但未必是蛙的！）进入，从而启动均衡的卵裂。孤雌生殖的蛙已有两三只养成；它们是正常的，有雌有雄。

　　另一种实验表明，一半或一小半可能与整个一样好。德拉热教授通过精细的显微活体解剖术，从海胆卵子上切下无核的片断。可它们还是受精了，并发育成了胚胎。在很多情况下，当一个受精的卵细胞分裂成两个细胞时，是可以被摇开的，结果每个细胞都发育成了完整的动物。如果在蛙卵发育的二细胞期，用加热的电针刺破一个细胞，剩下的那个细胞将发育成一个单侧的半胚，或一半大小的完整胚胎，这取决于刺破的卵是被固定的还是允许在水中移动（并重新调节自身）。事实上，一个卵子或一个正在发育的卵子的一部分要想与整体等同，那么必要条件似乎是使典型形态复原，并重建材料的比例。如果在二细胞期摇动装有正在发育的文昌鱼卵的海水容器，那么按照摇动量，要么产生双倍的侏儒胚，要么产生一组连体双胞胎。即使在四细胞期，摇动也会导致大量

---

　　[1] 伊夫·德拉热（一八五四年至一九二○年），法国动物学家，以肯定都灵裹尸布的真实性而闻名。——译注

　　[2] 应指让·欧仁·巴塔永（一八六四年至一九五三年），法国动物学家和胚胎学家。中国细胞学和实验胚胎学的开拓者之一朱洗（一九○○年至一九六二年）是他在蒙彼利埃大学的学生，两人共同署名发表了十四篇论文。朱先生反对消灭麻雀，也是作家和翻译家。在《重女轻男》一书中，朱先生专门讲解了天然的和人为的"处女生殖"。——译注

侏儒胚，或古怪的连体三胞胎和四胞胎。不过，我们也许说得够多了，足以一窥卵细胞的神奇，也足以清楚地表明这样一种必然：凡是对微观世界等闲视之的，都是与真理背道而驰。

十九　生命的曲线

在赫胥黎看来，生物最重要的特征之一，似乎就是它们的"循环发展"了。从一个仅在显微镜下可见的卵细胞，发育出植物的胚；胚珠变成种子，种子变成幼苗；在不易察觉的状态中，一步步长出根和茎、叶和花，形成了大而多样的构造。但是，大厦未及完工，就开始倾颓。草枯干，花凋谢①，很快就只剩下种子，重新开始循环。赫胥黎说："一个西西弗斯式的过程，在此期间，活着的、生长中的植物，从种子相对的简单和潜伏的可能，转入高度分化品种的充分显现，然后又回落到简单与可能。"动物也是如此。仅在显微镜下可见的卵细胞分裂了再分裂，由此形成胚胎。接下来可能稳定地直接发育成同类的模样，也可能进入一个相当不同的阶段——某种幼体——如毛虫或蝌蚪，不久便经历变态，转入个体发育的直接路线。经过青春期不无关键的阶段，它就变成了成体。延长力量的成熟期，实非罕有的成就，但或迟或早，大厦都会开始崩溃。一种生物的生命以天计算，另一种则以月计；我们用年来计算自己的生命，用世纪来计算红杉的生命，但是对大多数生物来说，从卵细胞最低限度的生命（如果没有受精，它往往几小时内就会死亡），到生物油尽灯枯时最低限度的生命之间，存在着一条升降曲线——如果生命状态允许渐渐衰老的话。只是在大多数情况下，野生动物实际上无福享受衰老。但是，研究生活史的一部分魅力，就在于认识到，当各个部分的"时间"出现变化时，各种生活史往往会像一首旋律的不同形式一样彼此不同，这种速度上的变化，也往往能很好地

---

① 出自《新约·彼得前书》："草必枯干，花必凋谢。"——译注

适应特定的条件——也就是说，能够解决生命的特殊问题。形态学家开始认识到，头骨的某一类型、鱼的某一形状，或叶子的某一轮廓，可以通过猜想整个构造的轻微变形——比如说偏斜——而从另一种类型推导出来，而我们希望说明的想法［它基本上可以追溯到帕特里克·格迪斯（Patrick Geddes）①教授富于创造力的大脑］是，一种生物的生活史常常因为速度或节奏的变化——由于生命曲线某一个部分的延长和另一个部分的压缩——而有别于另一种生物。

有一种生活史为人熟知，这就是插入了一个漫长幼虫期的生活史。从蟑螂卵壳里出来的是成虫的雏形，从蝴蝶卵壳里亮相的，却是一条小小的毛虫，简直看不出它们之间有什么亲缘关系。它进食、成长、蜕壳，这个逻辑序列不断重复。毛虫获得了力量，建立了营养储备；经历一次非凡的变态，卸除了大部分原来的幼虫身体，按着新的建筑蓝图，开始全新的发育。最终，好像第二次出生一样，长翅膀的蝴蝶出现了，并进入一个以繁殖为主、营养为辅的生命阶段。相对较长的毛虫期让蝴蝶的狂喜成为可能。幼虫期的延长，造就了一个非凡的成果，可以说，在很多的生活史中，我们听到了同样的旋律。蜉蝣（Ephemera）的一生常常可以管中窥豹：它们很多都有两三年的水中幼虫生活，随后的空中和生殖活动则只有两三天（或更少）。在海七鳃鳗（Sea-Lamprey）身上，我们发现了一个有点类似的生命节拍——但改进显著，因为经过河流中漫长的、有时可达四年的幼体期，接下来是海中强健的青春期和成年期。但曲线以同样的方式结束——繁殖后几乎直线下降。欧洲鳗鲡有一个很长的幼体期，可能持续数年，在此期间，它从外海游到河流和池塘，漫长的旅程动辄达到一千六百公里，还有一个漫长的、富于青春活力的生长期，也长达数年，为短暂的、严格意义上的成年期积聚能

---

① 帕特里克·格迪斯（一八五四年至一九三二年），苏格兰生物学家、社会学家、地理学家、慈善家和城市规划师。——译注

量，踏上降海洄游的旅程，最后作为产卵的报应，以死亡而结束。

另一种生活史，意味着幼体期的压缩，以及卵壳或卵外膜内胚胎发育期的延长。在一纲少有人知但广泛存在的原始动物，即有爪动物门有爪纲中，可以找到很好的例子，其中有代表性的是有爪目栉蚕科。它们是有趣的合成类型，某些特征像昆虫，另一些则像环节动物；它们无疑是幸存者，来自非常古老的时代，由于羞怯和夜间活动的习性，在世界上很多地方都有根据不够充分的立足点。所有这些典型的隐居动物都是胎生的，它们所生的幼崽，从出生起就是成年动物的缩影。此外，它们的胚胎发育期很长，有时持续一年。拿它们和高级昆虫的生活史相比，我们看到，后者的胚胎发育缩短到了最低限度，幼虫期则大大延长。对鸟类而言，亲本能承受的育雏时间受到食物供给和温度等条件的限制，因此相对缩短或压缩了胚胎发育期。拂晓打鸣的公鸡，除大脑外，总体上和能用角把狗挑飞的母牛一样，是一种复杂的生物，但雏鸡只孵三周就破壳而出，小牛则要由母牛怀着，度过大约九个月的产前生活。一种是羽毛未丰的雏鸟，对应着较长的幼体期，另一种是早成的雏鸟，对应着缩短的幼体期，通过两者之间的对比，我们有了另一个熟悉的可伸缩生命曲线的例证。冢雉实在让人刮目相看，母鸟逃避孵蛋，幼鸟在发酵的草木堆里孵化，马上就能飞行。绝大多数鱼类都是卵生，在水中既有胚胎期，也有仔鱼期。这里有很大的风险，仔鱼的死亡率极高。然而，由于有大量鱼苗可用，大部分现代鱼种都得以继续蓬勃发展。但是，它们与鲸的生命曲线形成了多么鲜明的对比呀，单独的一只仔鲸在母体里慢慢发育，一生到海里，就成了一只完全成形、天资丰富的鲸。有的植物终其一生都像半开的花蕾，有的却还没长叶就开了花，同样，有的动物青春期长，有的却成熟期长，有的生下就老了，有的年纪轻轻便不幸夭折；有的动物在壮年期突然垮掉，有的则似乎长生不老（除非暴毙）。这是个生命节拍的问题。

小说有很多，情节却很少，同样，在貌似多种多样的生活史中，我们只发现了几种主要类型。细节看上去也许非常不同，但其原因，往往都可以解释为这儿有了延长，那儿有了压缩，是由于乐曲的时间变化。我们来简单看看这一议题的三个推论。（一）生物体中存在着构造上的变化，表现在对材料做出空间上的重新安排（类似于我们看到一个小学生怎么玩"机械"玩具，例如用它来造起重机，修大桥，今儿个搭一辆铁道敞车，明儿个造一架飞机），同样也存在着时间上的变化，体现于生长和发育速度的改变，或生命节奏、节拍的变化。关于这一点，值得一提的是，内分泌物（至少是脊椎动物的内分泌物）有能力自动调节生长和发育的速度。例如，古德纳奇（Gudernatsch）①在蝌蚪身上得出的实验结果非常有启发性：甲状腺食物刺激分化，阻碍生长，胸腺饮食则抑制分化，让生长得以继续。（二）总体思路是，生命的曲线像一条不连续的、能伸能缩的线，这儿啊，那儿啊，都弯成了固定的弧形，几处的张力都能改变，以适应特定的条件。这是进化策略的一部分，而有趣之处在于观察生命会用多少种方式改变节奏，以解决难题。螃蟹、龙虾、海胆和海星在外海的幼体期保证了扩散，让娇弱的小生命免受近岸混乱与动荡不堪的伤害。在很多固定附着的无性植形动物或水螅群落的生活史中，气胞囊或类水母期（有性）或许保证了异体受精的优势。河流动物在自由游动的幼体阶段普遍受到抑制（昆虫幼虫除外，它们有发达的抓附器官），这明显是一种适应，以避免被冲进海里或陷入同样致命的死水。不独幼体期，青年期也叠缩进了延长的胚胎发育期，这也许表明，对纤弱的年轻生命来说，环境过于严酷了，但也可能意味着在漫长的产前生活中，有足够的时间让一个良好的组织得到完善，就像很多哺乳动物一样，在很多情况下，一出生就能应付生活的迫切需要。罗伯特·钱伯斯（Robert Chambers）写有名噪一时的《宇宙自然史拾遗》

---

① 或指约瑟夫·弗雷德里克·古德纳奇（一八八一年至一九六二年），德国出生、在美国任教的解剖学家和生物学家，对内分泌学也有研究。——译注

（*Vestiges of Creation*）①，他坚持认为，胚胎在子宫内等待的时间对它来说是宝贵的，对母亲而言则代价高昂。在这一点上，他所言极是。这意味着更大、更好的大脑。同样，其他一些哺乳动物，尤其是那些享有游戏期的，在它们延长了的青春时期，正如格鲁斯（Groos）②博士和查默斯·米切尔（Chalmers Mitchell）③博士出色阐明的那样，有一种适应性，足以瓦解僵化的本能，并用自由和智能实验的记忆结果取而代之。

（三）人类固然是一种缓慢改变的生物，一代又一代，生命整体的节拍鲜有变化，却有突出的可塑性或可改造性，因此能延长青春——也许能达到出乎意料的程度，延长大脑的可塑期，并使衰老期缩短。在所有这些方面，我们都大有希望。

---

① 罗伯特·钱伯斯（一八〇二年至一八七一年），苏格兰出版商、地质学家、进化论思想家和作家，曾出版《钱伯斯百科全书》。所著《宇宙自然史拾遗》一八四四年出版后，颇受达尔文欣赏。——译注

② 应指德国哲学家和心理学家卡尔·格鲁斯（一八六一年至一九四六年），他提出了游戏的进化工具论。在一八九六年出版的《动物的游戏》（*Die Spiele der Tiere*）一书中，他认为游戏是为日后的生活做准备。——译注

③ 彼得·查默斯·米切尔（一八六四年至一九四五年），苏格兰动物学家。——译注

二十　回春

在丁内特①的高沼地上，春天的脚步总是很慢，可是在一九一六年四月一日，它几乎毫无征兆地到来了——像报喜的鸟儿，从远方翩然而至。我们入睡时似乎是隆冬；这是多年来最恶劣的一个三月；我们醒来时，感到窗外吹来了西风，还有黄鹂和山雀简单的歌声，伴着冷杉新鲜的味道；我们知道，冬天结束了，冬天过去了。洛赫纳加覆盖着厚厚的雪，周围的小山无不黑白两色，可是能看到风积雪堆在皱缩，河水涨到近两米，而平时只有一米不到。对一个从南方来的陌生人来说，春天的气息在这一天似乎颇为不俗，可他会错过生机勃勃的音符。这一切来得太快了。有些鸟儿——例如红嘴鸥、蛎鹬、鹡鸰在逢场作戏；秃鼻乌鸦、凤头麦鸡和云雀则已经过了这个阶段；可是还没有大乐队将陆续到来的迹象。我们散步时看到一只羔羊、一只蛱蝶、一只毛毛虫，还有不那么小气的一群蜜蜂，在路边一棵柳树的树冠上忙个不停，那树的上层已经生出了柔荑花序。除了这些和荆豆（这不算），我们没看到一朵开了的花。金雀花和欧石南的叶芽刚刚展露，落叶松的嫩枝镀上了一抹金色，桦树也披上了紫衣，但这些都只是迹象，预示着我们知道必将到来的回春。

春天生物学是一本有很多章节的书，我们今天要翻开的只是其中一章。在一年当中，春天这样一个时节尤其关系到很多生物重现青春的能力——人类和高等动物在很大程度上已经失去了这种能力。芝加哥的蔡

---

① 丁内特村位于苏格兰东北部的阿伯丁郡，很冷。——译注

尔德（W. M. Child）①教授最近出版了两本出色的著作［《衰老与回春》（*Senescence and Rejuvenescence*）②和《生物的个性》（*Individuality in Organisms*）］③，把整个问题摆在了严肃的生物学学生面前。这是个值得思考、颇有益处的课题，尤其是对某些人而言，他们今天有充分的理由，发现自己很难像那些黄鹂一样欢呼雀跃，或是像这些桦树一样重现青春。在以人类，以开化的人类为首的世界上，在家养动物和耕作植物中，衰老的例子俯拾皆是——上了年纪的人，像坏掉的羽管键琴一样可悲；愁容满面、风烛残年的老马，目光呆滞、大声喘息的老狗，爬满地衣、内心腐烂的果树。这样的衰老以退化或衰败为标志，以极易患病和机体重要部分的脱节为表征，在没有受到人类干扰的野生自然界几乎是不存在的。红杉即使活了两千年，也不见衰老，著名的爱丁堡海葵活得比人类的平均寿命还要长，却看不出它高寿几何。自然界之所以见不到衰老，主要有两个原因，一是为生存而斗争的条件，决定了衰老不可容忍；二是平均寿命似乎要顾及物种福利的大局，该长则长，该短则短。当生物回春的进程再也跟不上老化的进程时，就会自然寿终，因为老化有别于绝大多数生物都可能出现的衰老。

　　对于"为什么我们会变老？"这一问题，已经有了很多解答。梅奇尼科夫（Metchnikoff）④认为，我们吸收了大肠中细菌活动的产物，因此中了毒，这造成了动脉壁的硬化，也腐蚀了我们的保镖——游走变形细胞或吞噬细胞，把它们变成了叛徒，转而攻击中枢神经系统的细胞。还有人提出了其他一些自体中毒模式。对某些人来说，这似乎足以归咎

---

① 应为查尔斯·曼宁·蔡尔德（一八六九年至一九五四年），美国动物学家，在芝加哥大学任教四十年，研究再生学。——译注

② 芝加哥大学出版社，一九一五年。——原注

③ 同上，一九一六年。——原注

④ 埃利·梅奇尼科夫（一八四五年至一九一六年），俄国动物学家、微生物学家和免疫学家，因为发现噬细胞而获得一九〇八年的诺贝尔生理学或医学奖。——译注

于辛勤工作的器官，如大脑和心脏、肝脏和肾脏等的磨损，因为一条锁链要坏，就会坏在最薄弱的一环。有人提及至关重要的内分泌器官活动减弱，也有人说到一个发人深省的事实：在生命的极早期以后，我们中枢神经系统的细胞就没有过增加或更换。然而，可以指出的是，这些理论大多数——如果不是全部的话——都站不住脚，因为它们做不到包罗万象（例如，很明显，很多没有大肠问题的动物也会变老），此外，这些理论都免不了倒果为因；因为提到磨损固然不错，但问题是，为什么不是所有动物都表现出至少某些动物已经达成的完全恢复。

最少十五年来，蔡尔德教授一直在研究一种名叫真涡虫（Planarian）的简单生物，对它已经有了相当深入的了解。他发现，它们的生命有个特点：能够周期性地返老还童。例如，经常可以看到，一只真涡虫卸下自己身体后部的三分之一或四分之一，让它迅速长成全身，而缩减了的原体会自我愈合，长出一条新的尾巴。这是个古老的故事，但新的事实是，在利用部分重构整体的过程中，有一个非同小可的回春过程。生命的流速并不缓慢，而是非常快；用高明的田代"生物计"（Biometer）①测得的碳酸（新陈代谢速度的常用指标）输出量比平时更大；脱落的残体和属于母体时相比，对氰化物等毒物的敏感性更低，抵抗力更强。如果这就是青春的特性，那么再生的残体又变得年轻了。同样，真涡虫挨饿时，能够靠自身的资源继续存活数月。它的细胞变小了，也变少了，但没有舍弃生命。这又是一个古老的故事，但新的事实是，挨饿的虫儿令人费解地年轻了——对禁欲主义的古怪的生物学证明——几乎是重生了。这样的事实促使蔡尔德教授投入了对动物世界的研究，结果表明，回春的发生比迄今为人所知的要广泛得多，尤其是涉及出芽生殖时。但也有其他情况，如去分化开始，又如生物蛰伏一

---

① 生物计又叫田代计，由美国生物化学家田代（Shiro Tashiro，一八八三年至一九六三年）发明。他是鹿儿岛生人，一九〇一年移民到美国。——译注

季，从而整体或部分地变得年轻。这或许是某些动物和很多植物在冬季假死和重新调整的一种益处吧。

老化是生命速度近乎全面的迟滞，是活力和抵抗力的减低。胶体基质构成了生命基础的化学—物理框架，而蔡尔德教授将老化视为胶体基质中积累、分化和其他模式化改变的必然结果，这种看法无疑是正确的。从化学的角度看，活着也就意味着各种典型化学变化之间的协调，而在不同的生物和同一生物的不同部分中，这些变化的性质和速率是不同的；但随着变化的进行，它们形成了一个胶体框架，并在其中发挥作用。随着框架复杂性和生物体稳定性的增加，其化学反应的有效性也在增加。例如，蚯蚓比变形虫更有力，鸟比蚯蚓更有力。可衰老是克星——稳定要付出代价，而回春是企图逃避。魏斯曼（Weismann）[1]等人指出，原生动物的恢复过程是如此完美，以至于自然死亡永远不会发生；胶体基质中稳定的、不免一死的部分，可以逐个减少再复原，于是生物就长生不老了。淡水水螅这种简单的动物可能同样如此，对它，我们也可以以永生视之。但随着生命变得更有价值，生物体更有力，始终都在进行中的回春进程，就越来越难以跟上老化的步伐，说实话，老化大概在出生前就开始了！于是就有必要引入专门的回春期，有必要引入生物体的"春季大扫除"，这些情况，我们在与叶芽等有关的去分化和新开始中看到了，甚至可能在我们所熟悉的某些近乎返回胚胎状态的现象中看到了，比如苍蝇和其他一些完全变态昆虫生活史中的蛹期。可是那些明显更高级的动物和人类又是什么情况呢？它们在原生质基质的生理稳定性，在相关的个体化程度的提高上，都出现了划时代的进化。中枢神经系统尤其限制了回春的能力。"人类因高度的个体化而遭受了个体死亡的惩罚，人的机体中最终导致死亡的条件和过程，就是让人成为

---

[1] 奥古斯特·魏斯曼（一八三四年至一九一四年），德国进化生物学家，种质连续说的提出者和拉马克主义的否定者。——译注

人的条件和过程。"蔡尔德教授在实验证据的支持下，做了一个有趣的推测：对某些复杂的生物体而言，胚胎生命非常早期的分化前阶段——个体在此时当然是不能避免老化的——也许为生命之初的回春提供了机会——减少了风险，也就是说，减少了遗传性模式化或出生即老的风险。我们应该认为，每一个从受精卵细胞发育而成的新生命，在一开始都有许多进行这种重组的机会。但个体似乎无福享用一颗长生不老的仙丹。"知识的进步和实验技术的提升，也许会使人和高等动物在未来的某个时候，比现在更大程度地实现回春，延缓老化，但是，一想到这些生物体原生质基质目前的状况是数百万年进化平衡的结果，我们便不能不承认，这可能是一项相当困难的任务。"

我们应该只是想到，但迟迟做不到只是像从前那样说："照这样一小时一小时过去，我们越长越老，越老越不中用。"[1]因为在生物学的事实当中，我们发现了更多的线索，感到变化是光明的；习惯催人老；新工作、新环境、新活动、新休息，再不济也是新饮食，都应该拿来试试；我们应该用远游培养冒险的心境，因为如果说一个人和自己的动脉一样老，那么他和自己的思想一样年轻也不算妄言。我们猜想，在很大程度上，我们的人生已经事先加了标点，但当然不是全部。我们可以放进逗号，也有相当的胜算插进分号。无论如何，我们延缓老化的努力，很可能得到逃避衰老的回报。

---

① 出自莎士比亚的《皆大欢喜》。引朱生豪译文。——译注

二十一　双胞胎生物学

在求知的路上，往往会遇到奇怪的歪打正着。谁能想到，本来是研究犰狳，结果却为理解人类双胞胎问题打开了通道？霍拉肖·哈克特·纽曼（Horatio Hackett Newman）[1]先生的作品对此提供了生动的例证。他写了一本妙趣横生的书，名叫《双胞胎生物学》（The Biology of Twins）[2]。对他讲的故事，你不能不心怀羡妒。九带犰狳在得克萨斯并不罕见，这是一种古老的生物，好比活化石，在哺乳动物中，属于皮肤长有骨片的独特世系。它肩膀上披挂着拱形的铠甲，腰臀处也有类似的盾牌，中间则有九条可以活动的骨质护甲。不算面甲保护下的尖脑袋、骡子般的耳朵和由粗到细的长尾，它体长约四十五厘米。犰狳的身体可以做成篮子，尾巴弯成拱形，正好可以当作提手，在新大陆，这算是常见的工艺珍品了。这种生物以食虫为主，夜间捕食，白天则退回深达一米八的地洞。它的铠甲用于护体，在它生活的环境中，可以抵御干旱植被的荆棘和尖刺，但犰狳蜷缩成一团（小犰狳独有的本事）的故事，实在"与该物种的习性差之千里，因为这种动物能仰面躺下，舞动有力的、全副武装的脚，凶狠而有效地蹬踹"。小犰狳出生时就发育得很好，用不了几个小时就能走动，但除了这些，我们对九带犰狳的自然史也就说到头了。言归正传，一个重要的事实是，这种奇异的生物通常会习惯性地生出四胞胎。这是个引人注目的现象，好几位动物学家就此做过研究，而纽曼先生研究得最为透彻。

---

① 霍拉肖·哈克特·纽曼（一八七五年至一九五七年），美国动物学家、遗传学家和人类多胎生产专家，长期在芝加哥大学任教。——译注

② 芝加哥大学出版社，一九一七年。——原注

许多哺乳动物，如兔子，能一次生出多只幼仔，但每个幼仔都是由一个卵细胞单独发育出来的，一产多仔的现象与孪生无关。只有通常每次只产一卵的动物，比如牛或蝙蝠，同时生下两只幼仔时，"孪生"这个词才算贴切。人人都知道，幼仔彼此可能非常不像，也可能一模一样，此时它们的性别也总是一样。如果遭逢不幸，双胞胎有可能是连体的，就像"暹罗双胎"那样，其中一个可能有不同程度的退化或发育不全——结果便会沦为展览或胚胎学博物馆里的双胞胎怪物。有些双胞胎是分裂的结果，另一些则源于融合。但关于孪生这个课题，一直以来都有很多模糊的和不确定的地方，所以我们要欢迎犰狳带来的灵光。

纽曼先生的研究已经非常肯定，九带犰狳的四胞胎都是同时出自同一个卵子，共享同一副胎衣，而且总是同一个性别。混合犰狳是相邻的物种，据信是晚近才由九带犰狳进化而来，在它们身上，一卵多胚幼仔的数量为七到十二只不等，且有稳定在八只的趋势。这一变化表明，混合犰狳的特殊性，是由于它相对较晚的起源。

在海水中用力摇动二细胞期的文昌鱼卵，两个细胞就会分离，形成两个一半大小的胚胎和幼体。摇晃的力度要是不够，两个细胞就分不开，威尔逊（E. B. Wilson）[①]教授发现，这样就会形成连体双胞胎。同样，他在四细胞期得到了四个小于常态的胚胎和幼体，或者说，是怪异的、没有生存能力的连体四胞胎！某些栉水母或侧腕水母在风暴过后，常常出现孪生，就是因为卵裂时最初的两个细胞被震开了。但是，九带犰狳的四胞胎并不是产生于前四个细胞的分离。情况是这样的：在受精卵细胞分裂形成的单个胚泡中，会发生明显的分化，此后，四个二次生长点由于这样或那样的原因，经历生理隔离，将继续独立发育。我们知道，把丁酸和其他试剂注入鱼胚，便有可能造成胚区的某种分离或部分

---

① 埃德蒙·比彻·威尔逊（一八五六年至一九三九年），美国动物学家和遗传学家，所著《细胞》（The Cell）是现代生物学史上最有影响的教科书之一。——译注

分解，而这种"胚质崩解"会导致畸形。由于丁酸作为碳水化合物代谢紊乱的结果，可能在哺乳动物体内产生，因此，韦贝尔（Werber）就某些畸形动物的起源提出了一种生理学理论。一种可能的情况是，犰狳胚泡中四个病灶轻微的隔离或孤立，是朝着胚质崩解的方向迈出了一步，但并未越过正常的界限。也可能如纽曼先生所言，从一个卵子发育出两个后代，"只是更普遍的对称分裂现象的一个阶段"。因此，双侧对称的动物左右两侧的形成，本质上是成双的过程。一个非常有趣的事实是，双胞胎兄弟有时一个是右撇子，另一个是左撇子。

九带犰狳的四胞胎出自一卵，但奇怪的是，披毛犰狳（六带犰狳亚科）的双胞胎却由两个卵产生，它们的外胎衣（绒毛膜）不那么重要地融合在一起了。不用说，这些双胞胎有可能性别各异，而犰狳属的四胞胎总是同一个性别。说到这儿，对人类到底是怎样一个情况，我们就有了一条可以带来启发的线索：完全相同或一卵双生的双胞胎是从一个卵发育而来的；不相同的或异卵双生的双胞胎来自两个独立的卵。比九带犰狳和混合犰狳的多胚生殖更胜一筹的，是某些膜翅目昆虫（如小蜂），它们把卵产在毛虫和类似动物身上，每个卵都会发育出一大批胚胎。我们还想谈谈一种普通蚯蚓的孪生，这种情况似乎最常发生在温暖的天气下，可以拿来和实验结果放在一起来考虑，即水被人为加热时，某些海胆的卵经常出现大量的同卵双生现象。在这方面有个案例非常吸引人，但也会把我们引向更加费解的境地，那便是"雄化牝犊"（free-martin），不育的、反常的雌犊，带有某些雄性特征，似乎是从其孪生牡犊兄弟身上借来的激素所致，而毫无疑问，它们俩是由两个卵细胞发育而来。

双胞胎生物学上另一个非常值得关注的论点，是很早以前（一八七六年）由高尔顿（Galton）[1]先生提出的[2]，他试图从双胞胎的历史中，为“天性”和“培养”的相对作用找到一个准绳。如果受到不同的培养，外貌完全相同的双胞胎会不会变得不一样？如果受到相同的培养，外貌不同的双胞胎会不会变得更像彼此？高尔顿先生就双胞胎之间的相似程度，考察了大约八十个案例，涉及头发和眼睛的颜色、身高和体重、力量和气质、语调和笔迹。正如犰狳的故事所表明的那样，关于同卵双胞胎的高度相似，有些不同寻常的实例可能既有趣又有用。据高尔顿先生所讲，有一对双胞胎，谁都无法辨别他们的笔迹，就连双胞胎自己也不能；在另一例中，“怀疑挥之不去，不知道两个孩子在洗澡时是不是调了个个儿，保证不了你以为的甲孩确实不是乙孩，反之亦然”；两个女孩经常欺骗音乐老师，如果其中一个巴望着得到完整的假日，另一个就连上两次课；有个校长为了万无一失，碰到双胞胎兄弟当中的一个犯错，索性让他俩统统吃一顿鞭子；还有九例孪生子对镜独语的，他们把镜子里的人当成了另一个孪生子；有四五例在订婚时起了疑心；还有一种关于互换性的古怪措辞：“常常让大家产生一种更像他兄弟而不是他本人的感觉”。据说，这种本质上的相同之深，有时可以外露，比如双胞胎同时出现某种特殊的病征，或表现出同样的特质。“一对双胞胎，”高尔顿指出，“二十三岁时双双苦于牙痛，每次一疼起来，拔掉的都是同一位置的牙。”还有两个极为相似的双胞胎兄弟，有同样的喜好和职业，在七个月里先后死于布赖特氏病。有时候，这种相同既细致又彻底。“孪生子某甲，在苏格兰的一个小镇上，偶尔看中了一套香槟酒杯，于是买下，打算作为意想不到的礼物，送给他的孪生兄弟某乙；而与此同时，某乙在英格兰，也买了一套一模一样的杯具，当作送给某

---

① 弗朗西斯·高尔顿（一八二二年至一九一一年），英国统计学家、博学者、心理学家、社会学家、人类学家、优生学家、遗传学家、探险家、地理学家、气象学家、发明家、心理测量专家，查尔斯·达尔文的表弟。——译注

② 《人类学学会学刊》，一八七六年。——原注

甲的惊喜。"所花的钱无疑也完全相同。高尔顿先生特别感兴趣的问题
是，环境和职业的不同，会在多大程度上影响一对双胞胎，毕竟他们从
一开始就表现出了高度的同一性。某些双胞胎"虽然生活条件迥然有
别，但身体和精神上的相似一直持续到了老年"；另一些双胞胎的相异
之处，往往可以追溯到某种疾病对其中一个产生了影响，这也许意味着
最初的差异未被发现。天性强过培养。另一方面，高尔顿先生发现，一
开始没有表现出"高度近似性"的双胞胎，在长期受到相同培养的影响
后，并没有变得彼此相像。"我们无法不得出这样一个结论：当培养的
差异不超过同一社会等级和同一国家人民之间普遍的差异时，天性就会
大大地胜过培养。"布谷鸟虽然接受了养父母的早期语言教育，但其叫
声并没有因此而受到影响。然而，我们理当保持谨慎，切不可忽视某些
有据可查的惊人案例——如已故本杰明·基德（Benjamin Kidd）[1]先生
在所著《权力的科学》（Science of Power，一九一八年）一书中所记
载的——有些鸟类和哺乳动物从幼时起，就处于人工饲养的特殊环境，
从而接受了和它们并无血缘关系的同伴的方式和习惯；也有不少实例表
明，儿童如果从恶劣条件下及早转入健康的环境，也会发育良好；而在
高尔顿的案例中，培养的变化局限于非常狭窄的范围。遗传而来的"天
性"的确形同种子；培养则是阳光和土壤，是风和雨水。当构成某一
结果的两个因素都是必不可少的，说哪一个更重要便显得无关紧要了。
胚芽里各种性状的基本因素都有，但在发育过程中，要想得到精确的表
现，某种程度上还是要靠培养。

---

① 本杰明·基德（一八五八年至一九一六年），自学成才的英国社会学家，以一八九四年出
版的《社会进化论》（Social Evolution）最为著名。——译注

二十二　断臂求生

　　动物有很多有效的方法，来躲避死神的攻击，可是有哪一种比自切更勇敢呢？舍弃一部分身体，往往保得整条性命。可我们必须要说，这只是表面上的勇敢，因为所有典型的自残案例，都是出于本能的反射，根本不是事到临头，有意为了生存而牺牲自身的完整。一只海星，一条腕给人抓住了，便索性把它交给抓它的人，自己带着另外四条腕逃走了，然后利用无尽的闲暇，重新长出缺失的部分。不过，由于海星体内一个神经节都没有，所以没人相信它经过了思考才认识到，局部的损毁总要好过失去整个生命。交出一条腕是有效的，这一点可以肯定；而交出时是出于反射，这一点也可以肯定；但如果断定，在应对经常发生的风险时，这种有趣的反应是靠着历史经验，一点一点地积累起来的，而这种动物自身没有丝毫的意识，那就言之过早了。例如，我们必须记住，海星虽然没有大脑和神经节，可是与海胆等生物的搏斗，却显示出它有能力坚持不懈，用一种肯定不是阻力最小的方式，长久而持续地努力，不是马上得到回报，而是最终得到回报。

　　如果不是海星自愿这么做，也许大自然不会为此加盖"物竞天择"的印章，核准它的自切。没有大脑的生物会用什么方式来表明自愿，我们实在无意探讨，但从我们自身的下意识给予的核准中，也许可以看出些端倪。凡事总有例外，老鼠或白鼬也利用自切，从捕鼠器中脱身而出，这些案例既不同于，也高于海星或螃蟹等典型的自切行为。

　　自切的最高境界出现在蜥蜴身上。只需要小小的挑衅，就能让很多蜥蜴把尾巴交给攻击者——这种权宜之计常常挽救它们的生命。咱们不列颠无足蜥蜴的种名（*Anguis fragilis*）[1]，就暗含着它要将蛇状身体的尾巴交出的惊人意愿。蜥蜴花了千百万年，才将救命的断尾术修炼到可能达到的极致，尤其是我们注意到，多种蜥蜴身上都有一个特殊的断损区，并存在一条弱线，影响着皮肤、肌肉、结缔组织和脊骨。椎体中部有一块软骨，即断损面，自切时，尾巴会沿着此处断裂。因断肢而失去的部分可以慢慢再生，只是做不到原来那么完美。蝾螈（以及青蛙和蟾蜍的蝌蚪）有强大的能力，使被咬掉的部分重新生长，但据我们所知，蜥蜴是唯一表现出自切行为的脊椎动物。这种现象也可见于软体动物，能长出身体某些部分的不在少数。有个非常奇怪的例子，许多雄性乌贼会在结婚时送出一条"腕"——过去有些动物学家把此类脱离的器官形容为单独的生物，称之为百空虫（Hectocotylus）[2]。这个例子也许不属于本章，但它表明，自切能力可以用于多种目的。

有些动物学家曾有意将"自切"一词限定于放弃通常应该保留的东西，但遵守这种严格的用法似乎并不可行。许多海蛞蝓，如雨虎（Tethys），虽然抓它时极其小心，它仍会自行缴械，丢掉背上手指状的两个突起——奇怪的贿赂。如果发现自己落入被捕捉的异常环境，许多蠕虫也会表现出强烈的自残倾向。一只丢掉触手，另一只丢掉咽部；一只把头给你，另一只上缴尾巴。本来是一条上好的纽虫标本，比如脑纽虫，好端端地在一盆干净的海水里躺着，我们却满心懊恼，眼睁睁看着它伴随着强烈的肌肉收缩，变成了一截截三厘米长的碎段。这可能是由于我们还不了解的某种强烈的代谢紊乱，也可能我们只是目睹了肌强直的一次极端发作，平时它发作起来没这么剧烈，现在却有救命的

---

[1] 有"易折断的蛇"之意。——译注

[2] Hectocotylus这个名称是法国博物学家和动物学家乔治·居维叶（Georges Cuvier，一七六九年至一八三二年）发明的。他以为在雌船蛸外套腔内发现的腕足是一种寄生虫，因此用希腊语的"百"（□κατόν）加上"空心物"（κοτύλη）为它取了名。现在我们译作"交接腕"或"化茎腕"。——译注

效果。小损失很快就会得到弥补，局部可以变成整体。对许多单体的蠕虫而言，周期性地交出后部，是一种规律化了的繁殖方式；矶沙蚕（Palolo worm）在珊瑚礁中穴居，到了繁殖季节，几乎整个身体都会断落，并在水中爆裂，释放出数以万计的生殖细胞，头部则留在岩石里，逐一再造新的身体。在海星、海蛇尾、海羊齿和海参中，自切现象极为普遍。海星可以连续甩脱五条被抓住的腕，也可以丢弃受伤或发生寄生感染的腕，在极少数情况下，还会出现分切繁殖。海参在被捕捉时，会通过抽搐抛出内脏，有可能因此从惊愕的敌人手中逃脱。消化道有时在十天内便可复原，但也可能需要好几个星期。心形海胆一旦咬住骚扰者的皮肤，也常常丢弃断刺。

在庄稼的残茬里，我们经常看到非常有趣的、有点类似蜘蛛的生物，叫作"盲蛛"（Phalangiidae），它们行动迅速（特别是在晚上），腿特别细长，超过身体长度的二十倍。它们主要在夜间捕食，杀掉并吸食小昆虫，喝露水。如果我们抓住盲蜘蛛的一条腿，它会立刻将这条腿放弃，然后溜掉。某些蜘蛛和昆虫，如蚱蜢、蟋蟀及其近亲，也会做出同样有利可图的自切行为。白蚁提供了一个古怪的案例，在完成所谓的"婚飞"并开始定居时，它们会自卸双翅。所有这些案例中的自切行为，都是迅速的和反射性的，也不出血。我们对自切生理机能的认识还远远谈不上精确，但高等的甲壳类动物是个例外，关于这方面的知识，我们现在就来看看赫伯特·保罗（J. Herbert Paul）先生近期的工作成果[1]。

（一）根据记录，有一类常见的端足类甲壳动物，叫作跳虾（Gammarus），如果腿受了伤，这类动物就会从根部把它咬断，这是一种奇特而有意的自体吞噬。（二）如果猛地抓住对虾的一条腿，它就

---

[1] 《爱丁堡皇家学会学报》（*Proc. Royal Soc. Edinburgh*），三十五卷（一九一八年），七八至九四页，四插；二三二至二六二页，二十九图。——原注

会激烈地抽动尾巴，使腿在第二节和第三节之间齐根折断。如果断肢失败，或会看到虾用大颚拉拽那条腿，从而回到自噬行为。（三）如果抓住龙虾或小龙虾的腿，那么它总是齐着第三基节的沟槽折断，可以看到清晰的断裂面。此外，在这种动物用尾巴击打之前，第三节的肌肉会通过向内拉动部分钙质外皮，削弱断裂槽周围的附肢。断肢行为更复杂，效果也更好。只有在附肢被抓住时，自切才会完成，但在某些情况下，这种动物也可以借助一条有螯的附肢，拉断受损的虾腿。（四）寄居蟹会把柔软的尾部藏进借用的软体动物的壳，在撤进庇护壳的同时，也一并将受损的腿脚截掉。信息传递到腹神经索上最近的神经节，回复下达，命令腿根儿的肌肉剧烈收缩，只消一会儿工夫，截肢就大功告成了。但非常有趣的是，在退出借用的壳以后，寄居蟹可能会用大螯扯出残肢，甚至有可能把它咬净到断裂面，以此重现自噬。（五）在螃蟹身上，自切达到了完美的境界。沿着腿的第二基节，有一个清晰的断裂面，一条薄弱线，断裂是肌肉在这一断面上的强对抗所致。不等你说完"自残"这两个字，腿咔嚓一下就断了。

对滨蟹和黄道蟹来说，如果腿的末端部分没被什么东西压住，如动物自身的壳或石头，那么腿是不会掉下来的；而梭子蟹和沙蟹连支撑点都不需要。但螃蟹最精细的适应性变化，也许就是膈膜或绷带膜了，它沿着断面横跨中空的蟹腿，只为神经和动脉留下一个小孔。膈膜由两片瓣膜组成，自切发生时，便"因外侧压力的相对变化而被迫合拢"。它们就像阀门一样，"自切时，出血也会停止"。我们感觉自己置身于外科名医的剧院，看着他一刀下去，就止住了出血。我们也会想到秋天时沿着叶柄着生处长出的离层，在与枯叶分离时，它会封闭创口。

所以我们看到，对高等甲壳类动物而言，弃肢是常见的现象。它往往可以保证成功地脱逃；如果腿受到敌人的严重伤害，或是在暴风雨冲刷的海岸上被飞沙走石击伤，弃肢也能避免流血至死。此外，我们还发现，断腿有时断得相当粗糙，有时又极为整齐；有时是连串动作的结果，有时只需一个动作。而赫伯特·保罗先生通过精细的实验，得出了非常有趣的普遍规律：螃蟹这样的高等甲壳动物，其断裂的关节在结构上最为复杂，生理反射过程却最为简单。这是一种单一的反射，低等甲壳动物反而可能有好几个环节，涉及一连串的事件。正如他所说，螃蟹最后出现了"电流"的短路，在低等甲壳动物身上，要走的路却长得多。在我们看来，寄居蟹偶尔重返自噬的现象，似乎证实了我们的主张，即，我们绝不能仅凭一种现时的简单反射就得出结论，认为其演化进程当中没有任何意识因素的渗入。

就自切问题而言，进化论者有什么发现呢——当然是暂时的发现？或许如下：（一）断肢能力在构造较为简单的低等动物中非常普遍。（二）它可能与体型的增加超过了神经控制的极限有关，或者与身体不同部分新陈代谢过程强度上的不平等有关。（三）放弃部分身体可能是有用的：作为一种无性繁殖的模式；作为一种摆脱老化的、受伤的或发生寄生感染的部分的方法；作为一种逃避敌人的手段。（四）它已经与弃肢此后的再生联系在一起。可以这么说，有了这些材料，再加上充足的时间和筛选，这些生物体也许能像螃蟹一样，开发出构造完备的匠心之作。但是，至少有一种理论是站得住脚的：生物体是一种有目的的个体，同时也是在胶态基质中发生化学反应的一种协调，时不时地，便有进取的因素和生存的意志，带着不同程度的自觉进入演化的进程。同样可以想象，在某些情况下，终于开始——可能花上一百万年——需要付诸真正的行为，有控制、有协调的一连串活动，将它们引向一个有效的结果，其间也许能找到"短路"，进入反射阶段，使生物体摆脱困境，自由地开始新的冒险历程。

二十三　潜伏的生命

一碟面糊遗忘在架子上，就会成为一片沃土，供微小的真菌植物或霉菌大量生长。但在许多情况下，里面也能长出众多的"糊线虫"（Paste-eel），这是一种透明的、用显微镜才能看见的线虫，它的芽孢是由气流吹进碟子里的。在没开塞的醋瓶里，有时会发现几百万条与糊线虫近亲的醋线虫（Vinegar-eel）。在这奇怪的生境当中，虫子好像可以茁壮成长，大量繁殖让醋变得浑浊。现在，糊线虫和醋线虫（以及其他"状线虫"）因其潜伏生存的能力而引人注目。它们可以保持多年的干瘪，没有任何活动的迹象，可一旦恢复了湿度和其他适宜的条件，便会再度变得活跃。其中一些似乎可以忍受长达十四年的"假死"状态，而复苏所需的时间与潜伏期的长短是成正比的。引起小麦"皱穗病"的线虫，能在虫瘿中潜伏二十年以上。同样的现象也可见于某些螨虫、生活在苔藓里的水熊虫（Water-bear）、多种轮虫、一些被称为水蚤的小型甲壳动物，以及一些更简单的动物。在某些情况下，久存不死的是作为整体的动物；在另一些情况下，则可能是在动物体内形成的一个包囊，也可能只是一颗有护壳的卵。从池塘里取来的干泥，放在盒子里保存十年，只要把样本放到水里，就能培养出很多小生物。贾尔（Giard）[①]教授发现，一种名叫鲎虫（Apus）的大型淡水甲壳动物的卵，干置十二年后仍然可以存活。某些在纸上干巴了的原生动物，过了五年又活过来了。毫无疑问，很难划出一条严格的界限，来区分这些

[①] 应指阿尔弗雷德·马蒂厄·贾尔（一八四六年至一九〇八年），法国动物学家和应用昆虫学家，以研究寄生虫和甲壳类动物见长。他创造了"低湿生活"（anhydrobiosis）一词，用以描述生物体在极端脱水下的生存能力。——译注

潜伏生命的情况和其他的蛰伏环境，如刺猬和睡鼠实打实的冬眠，或青蛙钻进池塘泥浆、蜗牛藏入老墙旮旯的冬季蛰伏，或某些鱼类在旱季把自己埋入泥浆昏睡，雨季到来时又突然重现。但在更为严格的意义上，潜伏生命的标志是生物体的干枯，以及完全没有任何积极的"生命"迹象。问题在于，我们用"生命"一词概括的活动是否已经停滞，或者生命之火是否仍在燃烧，只是非常微弱？我们不能把活动从我们的生命观念中分离出来，但一个干枯欲碎的组织放在这儿，我们察觉不到里面有任何运动，甚至看不出有什么化学变化，可它还没有死，因为只消几天的工夫，我们就可以让它恢复活力，或者从它藏身其中的包囊或芽孢培养出活跃的结果。在每一袋干种子里，谜题都明晃晃地摆在我们面前。至少在这个意义上，这些种子大多数是有生命的，那么，要在适宜的条件下产生活的植物，它们的生命处在什么状态呢？这就把我们引向了保罗·贝克雷尔（Paul Becquerel）[1]先生最近所做的非凡实验。

贝克雷尔研究所得的首批成果之一，是证明了许多种子的种皮具备极强的不透水性。因此，自然干燥的羽扇豆种子的种皮，能长达两年不透空气和其他气体。它们也不透液体，如无水酒精、乙醚和氯仿。而羽扇豆、豌豆和蚕豆的种子剥掉了种皮，气体和液体就很容易浸渗入了，但只要外衣还留在上面，它们就能长时间起到防气体和防液体的作用。通过非常仔细的实验，可以看到，在自然干燥状态下（即仍然含有少量水分），裸露的豌豆、蚕豆和羽扇豆的种子在黑暗里放置一段时间之后，会吸收微量的氧气，并释放微量的二氧化碳。但这种气体交换可能是由于种子表面简单的化学氧化作用，而不是因为减弱的呼吸作用。可以肯定的是，虽然在不可能与外界进行呼吸交换的环境中保存了几个月，但种子未必会失去发芽的能力。贝克雷尔表明，被气泵抽空了内部

---

① 保罗·贝克雷尔（一八七九年至一九五五年），因研究种子闻名的法国生物学家。他是著名物理学家亨利·贝克雷尔的侄子，后者于一九〇三年和居里夫妇共同获得了诺贝尔物理学奖。——译注

气体的种子，在水银、氮气、二氧化碳，或近乎完全真空的环境下保存一年之后，仍然维持了发芽的能力。这种韬光晦迹、隐而不死的生命是什么？生命是一种活动，是搭配得当的化学小组成员之间一系列的相关反应，发生在所谓的胶态基质中，它对原生质的基本活动而言，就像河床对河水的流动一样重要；但这种活动只有在适当的空气和湿度等条件下才能发生。所以问题是，潜伏的环境是意味着生命活动的完全中止呢，还是"一种极其迟钝的、细胞内的、厌氧的生命"？阻滞是存在的，但化学小组是完全中止了行动，还是在以我们无法察觉的细微方式继续运行？

伟大的法国生理学家克洛德·贝尔纳（Claude Bernard）①——"潜伏的生命"这一名词应归功于他——在其经典名作《动物和植物共同的生命现象》（*The Phenomena of Life Common to Animals and Plants*）中认为，生命是有机体和环境之间的关系，在干燥的种子和脱水的动物身上，生命只是潜伏的。"如果外部条件适宜，它的存在随时可以表现出来，但如果缺乏这些条件，就不会有丝毫表现。"在干燥的种子身上，存活并不是减弱了，而是已经停止。种子像一块手表，停止了走动，但发条并没有走完，摇一摇，也许就能让它重新走动。这种观点发人深省，如果潜伏的生命是原生质功能的完全中止，那么就应该允许复苏期大为延长。现在查考事实，却发现时限往往不是很长。这表明，至少乍看之下，所发生的是一种极端的减缓，而不是生命进程或新陈代谢的停止。有些干鳗状线虫十四年后无法复苏，另一些过二十一年就活不过来了，种子也有时限。睡美人不可能无限期地长眠。杰出的埃及学家马斯佩罗（Maspero）②先生在法老墓中亲自采集到了麦粒，却

---

① 克洛德·贝尔纳（一八一三年至一八七八年），法国生理学家，实验医学的奠基人之一。他最伟大的贡献是确立了有机体内环境的概念。——译注

② 加斯东·马斯佩罗（一八四六年至一九一六年），法国埃及学家，汉学家马伯乐（Henri Maspero，一八八三年至一九四五）的父亲。——译注

从来没有成功地让它们发芽，尽管对外施行的欺诈产生了惊人的结果。贝克雷尔谨慎的实验表明，有些种子在植物标本室——实际上是经压干制成的植物标本集——里放了八十七年后，仍然能发芽，但在大多数情况下，生命的潜伏期要短得多。在存放期从二十八年到八十七年不等的种子当中，有二十个发了芽，但大部分是相对低龄的标本。即使是非常强健的种子，尤尔特（Ewart）[1]称之为"老寿星"，也不能使发芽力保持到一百年以上。在很多情况下，植物和动物生命的潜伏期是几年。这似乎有悖于克洛德·贝尔纳的观点，即生命活动是完全中止的，因为如果确实如此，那为什么要有个极限呢？不过，很有可能的是，这一期限并不取决于基础原生质的效力，而取决于其中胶态基质——形同化学实验室里的装备——的耐久力。手表停止走动以后，里面的发条经过一段时间，可能会发生一些分子变化，使它失去弹性，结果不管怎么摇晃，都没法让手表重新开始工作。脱水的生物体也可能发生类似的情况。

最近有些实验清楚地表明，对减弱到最低限度的生命过程或新陈代谢来说，极其不利于保持存活的条件并不一定是致命的。麦凯纳（Macquenne）曾将欧芹种子在真空中保存了两年，竭力使之脱水，但它们仍然能够发芽。事实上，相对于露天存放的对照种子，它们保留发芽力的时间要长得多。贝克雷尔所做的类似实验，以及将种子置于极低温度下的结果，也得出了同样的结论。他利用卡默林·翁内斯（Kamerlingh Onnes）[2]先生在莱顿的低温实验室或制冷剂，将裸露的紫花苜蓿、芥菜和小麦种子在液态空气的温度下放置了三个星期，接着在零下二百五十度的液态氢温度下放置七十七个小时。这些种子又在真

---

① 阿尔弗雷德·詹姆斯·尤尔特（Alfred James Ewart，一八七二年至一九三七年），英国植物学家，著有《论种子的长寿》（一九〇八年）。——译注

② 海克·卡默林·翁内斯（Heike Kamerlingh Onnes，一八五三年至一九二六年），荷兰物理学家，超导现象的发现者和低温物理学的奠基人，一九一三年获诺贝尔物理学奖。——译注

空中放了一年。在低温和干燥的共同影响下，原生质失去了胶体溶液的状态，但尽管如此，种子仍然表现出了很高的发芽率！现在，正如贝克雷尔所说，"没有水，没有空气，没有气体交换，没有悬浮在液体中的胶体分子，生命显得似非而是了"。流动的生命被硬生生地冻住了，如果是这样，我们就不得不得出结论，在臣服于死亡之前，生命并不一定是连续的。它可以停止，再重新开始。不能认为我们称之为原生质的那个化学小组已经出现了成员的变动，也不能认为任何一个组成分子遭遇了降解。那条路上只有死亡。但身体已经中止了，就像溪流冻结一样，这在一定范围内是可以恢复的。我们很想看到贝克雷尔的实验扩展到动物界，那里的现象可能不同；但通过种子提供的证据，我们可以推定，生命可以中断，复苏的机能却不至于遭到破坏。

　　正如贝克雷尔所指出的那样，蛰伏不仅是一种稀有的能力，在生存斗争中，它也有重要的作用。它能让生物体等待时机，暂且屈身于狂风暴雨，耐心观望。许多微小的生物在潜伏生命的状态下随波逐流；另一些则安于寂静，避开无望的斗争，这样在有利的条件终于恢复时，它们就不会错失回报。"对陆生生物的保护而言，潜伏的生命是真正的天恩。"贝克雷尔提出，如果太阳熄灭了，我们大气层中所有的气体也都消失了，生物体的种子和细菌、卵和孢子，仍然有可能借着潜伏生命的状态，在"冰冻的、不适合居住的地球表面存留很长的时间，漫游于宇宙空间的黑暗"。在新系统辐射的影响下，原生质冻结的溪流有可能解冻并再次流动，碰撞或爆炸有可能让这些弃儿粉身碎骨，用旧生命的种子播撒出一个个新世界。

二十四　囤积的本能

　　动物有各种办法，应对或规避即将到来的季节性匮乏。一俟入冬，很多动物便将消耗降到最低，蛰伏起来，直到春天召唤它们再次活动。另一些动物，比如狼，继续过着危险的生活，只是捕猎更加积极。有些动物，如白鼬和雷鸟，会穿上白色的衣服，这在非常寒冷的天气下，不仅在生理上最适合温血动物，还在雪的背景下给了它们一件隐形衣。其他动物则通过改变栖息地来解决难题——尤其是候鸟，它们从白雪覆盖的荒原，来到开阔的海岸和相邻的田野，或是"长风展翅，从云到云"，飞到"阳光下更温暖的陆地和海岸"。还有其他几种解决问题的办法——蜷缩起来等死是拒绝考虑的答案——其中一种就是储备、囤积、储藏。许多动物在身体内部这样做，"冬眠腺"和类似之物，就是为苦日子准备的内部储备，不过，我们要把注意力集中于外部储存。

　　一种高度专业化的储藏程序，如蜜蜂所为，一开始总是让人觉得难以解释——甚至神奇。从简单得多的收集行业起步是比较明智的，天赋的本能固然复杂，却很可能是在一个广泛而寻常的基础上，增加了一个又一个修饰的结果，是把许多物种共有的简单行为发扬光大的结果。在蚯蚓的活动中，也许可以找到储藏的开端。它们收集叶子，拖回洞穴，弄得舒舒服服的，逢雨天还能提供食物。蚯蚓肯定有贪婪的习性，因为在一个洞里，我们就曾发现八十多片小叶子，还常常看到它们把羽毛连同叶子一起弄到地下。我们认为，更加专门化的储存行为，虽然与即将到来的稀缺期有明确的联系，但它的源头，还是可以在蚯蚓这种泛化的贪婪里找到，吉尔伯特·怀特和达尔文都认识到了它的重要性。

　　不过，在昆虫当中，我们发现储藏行为存在一个斜面，一路向上，最后在蜜蜂和某些蚂蚁身上达到高潮。很多造访过地中海地区的游客，都曾欣赏过金龟子的勤奋，它们把弹珠大小的粪球滚回洞里，不停地啃呀啃呀，直到粪尽球光。其实这只是储存的第一阶段，而已故的亨利·法布尔先生曾用无与伦比的方式，描绘了粪金龟妈妈怎样打造一个梨形的粪团，在细的一端放一枚卵，给它一处专门的孵化室，并在旁边为新生的蛴螬宝宝备下特殊的第一餐！从为自己收集到为他人收集，我们不难想象其中的转变，也难以掩饰法布尔的极大兴趣，他观察了西班牙蜣螂，也观察了某些相关的粪金龟，它们在非社会性昆虫当中堪称独特，因为母亲不仅亲力亲为，替一家子储备早期的食物，还能活着看到全家（一个非常小的家庭）的出现和完全的变态。我们似乎有理由认为，这代表了一种过时的形态，也可以把这份平凡（在更高目的昆虫中，母亲活不到看到孩子处于完美状态的那一天）看作生命史的一个点缀。

研究蜜蜂的储藏行为，能带来进化论者的快意，因为不同类型的蜜蜂表现出多种程度的复杂性。对独居的蜜蜂而言，母亲为活着时来不及看到的幼蜂储藏；在熊蜂当中，储藏虽从母亲开始，却由它的工蜂子女继续承担。还有些种类（在不列颠范围以外），蜂群中至少有一部分能活过冬天：属名叫无刺蜂的热带蜜蜂，虽有延续的蜂群，蜂巢却不完美；而在熊蜂身上，我们能看到延续的蜂群和完美的蜂巢。通过人类的驯化，辛勤的储藏进入了热火朝天的状态，它关系到过冬——也就是蜂群的延续，也关系到母亲在子女青春期以后的生存——也就是社会传统的延续。蜜蜂在本能的层面上，表现出从纯粹自用的储藏到社会性储藏的转变，这与人类在理性层面上发生的情况颇为相似。

想到储藏时，脑海中不可能不浮现出所罗门王的蚂蚁：它们"没有元帅，没有官长，没有君王，尚且在夏天预备食物，在收割时聚敛粮食"①。而我们发现，像蜜蜂一样，蚂蚁也分三六九等，既有根本不储藏的，也有行家里手和囤积标兵。但每个博物学家在开始大谈蚁族时，都必须及时刹车，而我们多了不说，只举一个例子。野蛮收获蚁（Aphænogaster barbarus）是常见的地中海蚂蚁，根据近期的研究，它们收集的种子会保持一段时间的干燥，最后放到雨里，好让种子发芽。这样做的好处是可以让坚硬的种皮破裂，在某些情况下还可以启动发酵过程。不过，到了某个阶段，蚂蚁会咬断胚根或其他部分，以此杀死胚胎植物，并将种子再次晒干。据内格尔（Neger）的观察，收获蚁会把晒干的种子——比如某些豆类植物的种子——带回蚁巢，嚼成团子。又一次拿到太阳下，晒成小饼干，最后拖回去收好。不同的种子可能有不同的加工方式，在某些情况下，储藏的东西似乎没有被吃掉，而是用来培养蚂蚁非常喜爱的霉菌（如黑曲霉菌）。一个非常有趣的事实是，一些完全不相关的动物——某些蚂蚁、白蚁、甲虫和螨虫——也会培养真菌——与人类用的菇床相映成趣。

　　在脊骨动物中，要想找到令人信服的储藏实例，要看鸟类和哺乳动物。很多鸟类会在嗉囊里储存食物，有时甚至丰盛到飞不起来的地步，此外还有些鸟，可以说是在体外积蓄营养。美洲雕鸮偶尔到访不列颠，便常常为配偶和后代收集大量的过剩食物（包括野兔和家兔、家禽和鸽子）；农民早就懂得利用它们，就像以利亚利用他的乌鸦②。有个很老的传说，讲的是雷鸟在积雪底下储藏叶芽和浆果，但毫无疑问，至少有两种啄木鸟储存橡果，先在树干上"动机明确地"钻洞，再把橡果牢牢地塞进洞里。据说啄木鸟实际上吃的不是橡果，而是在橡果里面发育的

---

①见《旧约·箴言》六章七到八节。——译注
②《旧约·列王记上》十七章："耶和华的话临到以利亚说：'你离开这里，往东去，藏在约旦河东边的基立溪旁。你要喝那溪里的水，我已吩咐乌鸦在那里供养你。'于是，以利亚照着耶和华的话，去住在约旦河东的基立溪旁。乌鸦早晚给他叼饼和肉来，他也喝那溪里的水。"——译注

一种蛴螬，要真是这样，那就更有意思了。

不少哺乳动物都有把多余食物藏起来的习惯，很容易想象，也许再往下发展，就是更为明确的储存本能，就像松鼠的行为那样。松鼠会储藏很多东西，如榛子、山毛榉果和橡果，作为常备的食品，度过难熬的寒冬，因为这种漂亮的动物算不得真正的冬眠者，无法靠睡觉来忘掉饥饿。幼小的松鼠要在父母的陪伴下度过很长时间，它们乞求食物时，这些储藏也会拿来果腹。在我国一些暖和的地方，松鼠的储存本能似乎还有欠开发。有些别的哺乳动物，如土拨鼠，会用草把洞装修得舒舒服服，一旦冬天来袭，它们便关门闭户；同样很容易看出的是，要想这样做，就得有食品物资的储备。这种囤积的情形，在某些容易惊醒的动物身上得到了很好的证明。睡鼠就是这样。每当天气变暖，它们就会从冬眠中醒来，这时候往往得有东西吃。仓鼠的洞穴内部建有好几个储藏室，谷粒和干草都有数量可观的囤积。我们读到，堪察加半岛上的人盗抢根田鼠（*Microtus œconomus*）修造的粮仓，蒙古牧民到了秋天，会带上自家的牛，去享用古怪的在夏季勤奋搭建起来的干草堆。对人家间接描述的情况，我们还不能实地验证，比如说鼹鼠会把蚯蚓的头咬掉再收集起来——这些储备是为了应对地面被黑霜冻得格外坚硬的日子。我们听说，收集来的蚯蚓构成了一座活肉库，它们无法（像夏天那样）重新长出失去的头，因此是没法子爬走的。由于鼹鼠是对付蚯蚓的专家，无头又妨碍蚯蚓协调运动，所以这个故事并非难以置信。可这好残酷！

说到这儿，我们已经看到，动物王国在许多不同的层面上，都已经发展出了储藏的本能。而我们转向造物当中最杰出的人类时，便发现，关于这种本能的证据几乎付之阙如。在地处北温带的国家，对季节性匮乏的预知和准备，必定是千百年来当作生死攸关的大事来对待的，考虑到这一点，本能上的疏于储藏便显得更加不同寻常。储存和储藏的习惯，很有可能是一种代代相传的家庭传统，可是随着工业生活、交通设施和公共储备的完美，人类已经在很大程度上独立于一时、一地的匮乏，储藏的传统也就渐渐地衰落了。储存和储藏的责任逐渐从家庭转移到了社会。可以想见，在今天的农村，家庭传统比在城市环境下更坚定，因为掌管着许许多多不同生命的人，如果不习惯性地为将来着想，就注定会遭遇灾殃，从而被迫做出残忍的事。传统的相对衰落，或储存和储藏本能的逐渐式微，在短缺的关键时期有可能危及国民福利，我们只能希望碰到这种或类似的局面时，会有一种慎重的、理性的决断，来取代本能的或传统的习惯。随着社会的发展，不合时宜和难以相容的东西也在不断遭到抛弃，就像龙虾蜕去阻碍它成长的硬壳一样。但是，穿上一件适应时代进步和民风变化的新衣时，我们得确保它的效果不亚于那件节俭的老外套。

二十五　浮浪的冲动

　　最近在人类遗传学领域的一项研究，要归功于达文波特（C. B. Davenport）①博士充沛的精力，以及赞助者对长岛冷泉港实验室进化实验站的慷慨解囊，研究方向是所谓"浮浪人"的种种有趣变异。这些人的行为方式鲜明而独特，他们不安分，不踏实，他们离家出走，他们逃离学校，他们放弃优渥的环境，他们一消失就是好几年，他们是"滚石"，在极端的情况下，他们是大地上的亡命者和流浪者。时不时地，浮浪的冲动变得不可抗拒，或多或少左右了他们的人生。冲动强烈而明显时，就表现为浮浪，而这似乎在很大程度上是可以遗传的。浮浪人被发现远离家乡、处于迷茫或兴奋的状态时，很可能是由于病理学上"神游症"的发作，也可能只是出于无害的激情，要旅行，要探险，但这似乎是一种特殊的癖好。它在儿童身上要比在成人身上出现得更频繁，在男性中比在女性中更常见，而最常见的阶段是青春期。可是要像某些研究者那样，把"浮浪"这个词不严谨地用于旅行推销员、沿街叫卖的商贩、传教士、在逃犯、十字军和苏族印第安人，那它就会变得一钱不值②！赫伯特·斯潘塞（Herbert Spencer）③十三岁时，从叔叔家跑出

---

　　① 查尔斯·贝内迪克特·达文波特（一八六六年至一九四四年），美国动物学家和优生学家，一八九八年起担任冷泉港实验室主任，最早把统计技术用于种族研究。著有《遗传与优生》等。纳粹德国的优生学与他的研究关系密切。今天，越来越多的人把他视为种族主义者；他误入歧途的优生学在很大程度上成了邪恶的科学。——译注

　　② "浮浪"和"浮浪人"的翻译，是为了区分今天更具社会学意义的"流浪"和"流浪者/汉"。——译注

　　③ 赫伯特·斯潘塞（一八二〇年至一九〇三年），英国哲学家、生物学家、人类学家和社会学家，以主张社会达尔文主义而闻名，少年时曾从牧师叔叔托马斯那儿接受自然科学和拉丁语的教育。——译注

来，回他自己的家，第一天他走了七十七公里，第二天走了七十五公里，第三天我们不知道他走了多少里。但我们没有任何理由，认为这位年少的哲学家是个浪人，只需要知道他想家就够了，一种受到不公正待遇的感觉触动了他。

第一个问题是怎样看待一种易于辨认的、可以称为浮浪倾向的气质。这是一种"单位性状"吗，就像出众的数学或音乐能力，或者说可以把它的特征分解为多种元素，比如好奇、愠怒、厌恶平淡的工作、反感某些特定的人、难以面对不端行为的后果，等等？精神病学家们似乎普遍认为，存在着颇为明确的"浮浪"变种或变异，对这一点，达文波特博士的研究也提供了支持。他调查了一百个家族的历史，证实"浮浪"特征一代又一代地重复出现。他认为浮浪也许是一种与性别有关的隐性性状。"儿子只有在母亲属于浮浪血统时，他自己才是浮浪人。女儿只有在母亲属于这种血统、同时父亲是明确的浮浪人时，她本人才是浮浪人。父母如果都是浮浪人，那么可以预见，所有的孩子也都将是浮浪人。"浮浪与周期性的异常精神病，如抑郁症或癫症同时出现的情况并不罕见，但达文波特博士认为，这仅仅意味着这些异常状态削弱或麻痹了平时的抑制，从而使浮浪冲动强化了表现。他深信，浮浪是一种极为明确可以遗传的性状。

第二个问题是，"浮浪"是不是一种新的变异——要么是小荷才露尖尖角，要么是一种广义上的返祖现象——一种远古的、曾经广泛存在的人类本能，如今逆向重现。也可能两种类型都有。达文波特博士认为，浮浪是一种消极而非积极的品质，通常带来稳重和安定的性状是薄弱的或缺失的，结果使原始的流浪冲动得以无拘无束地表露。他用现代术语指出，"浮浪冲动取决于一种简单的、与性别有关的基因缺失，该基因决定了'守家恋家'的气质"——"基因"指的是一种"单位因子"，或者说是生殖细胞遗传中的特殊成分。按照这种观点，浮浪是人类的原始本能，所有人都携带着少许远古的残余，但我们通常会抑制或规范它的发展或外露。这种抑制的实现是不受干预的，因为某些不那么原始的性状，如成家、爱家，要强过不断减弱的浮浪本能。它也是在常规的社会规训过程中产生的，很快就会让我们感到一味逃避并不可行。达文波特博士提出了一个有趣的观点：职业的选择往往说明了要满足浮浪冲动的企图。这么说吧，锅匠和裁缝之间的对照人所共知^①，列车员与行脚僧却很可能是伪装的"浮浪人"。"浮浪"这个词通常指居无定所，到处漂泊，如果原始人浮浪的假设正确，达文波特博士的观点就有可能成立，即浮浪的倾向在人类身上仍然广泛存在着，作为一种存留至今的古代特征，偶尔表露在外。如果这个假设正确，我们就可以推断，仍有数量可观的吉卜赛人和类似的游民，保留着古老的漫游习惯，可是如有可能，我们必须注意在两种部落或群体之间做出区分，一种是因为要浮浪而浮浪的，另一种则是因为必须浮浪而浮浪。有些人可能因为生性浮浪，当上了猎户和渔民，另一些人却是因为所处的环境，不允许他们从事农业，或无法过上一种稳定的定居生活。东海岸的渔民每年有半年以上的时间，跟随着在我们海岸周围出没的鲱鱼群奔波——关于尚未解决的鲱鱼大规模移动的问题，这里按下不表——这就是一个现代的例子，足以说明某些浮浪的根本原因是经济而非性情。

我们觉得，研究一下是否可能并不存在两种不同的浮浪，想必会很有意思。限于幼儿期或青春期的，或与明显缺乏自我掌控有关的浮浪表现，有可能是由于祖先特征的外露，而另一种类型则代表了一种独立的变异，一种新的发展方向，一种意在求真、求新的机体实验。它的特点是强大的控制力和坚决的抵抗力，尽管它永不停歇地让主人摇摆不定。也许，很多伟大的探险家和行万里路的博物学家，都是这种类型的人，正如南森所说，他们不能休息，除非走遍，或试图走遍他们大宅的每一

① "锅匠，裁缝"是英国流行的数石子算命游戏。小朋友边数边叫："锅匠，裁缝，士兵，水手，富人，穷人，叫花子，贼。"石子数尽时停在哪个词，就代表自己将来从事哪种职业，或嫁个什么丈夫。——译注

个房间——闹鬼的屋子也不例外。

达文波特博士提到了大猩猩和黑猩猩不安分的习性。大猩猩一家四处游荡，寻找食物，很少有在同一个栖息点过上两三夜的。我们还读到，黑猩猩从来不会两晚使用同一个睡台。这样说来，人类祖先所属的动物群体，很可能是典型的浮浪族，可是，如果把人类的浮浪比作与觅食或周期性环境变化有直接关系的流浪，好像就会冒大谬不然的风险了。最早开始游荡的，也许是人类当中近乎流浪儿的变体，但这种冲动已被驯服，汇入了相关物种的普遍遗产，也许还会通过某些种类表现出来，而据我们判断，它们的脾性里几乎没有什么浮浪精神可言。我们绝不是说动物当中不存在一时兴起的漫游者。普通螃蟹据信能沿海底行进大约一百六十公里，鳕鱼大概有几百公里，但我们的观点是，像蝗虫和旅鼠那样很难说是迁徙的漫游，其实是对食物匮乏做出的反应。我们已经承认，如果不是很久以前出现了不安分的、实验性的、探索性的、具备浮浪性情的变异，通过回避和逃遁来克服困难，踏上旅程，继而发现行路致知（*solvitur ambulando*）的真理，那么今天大概就不会有这些明显的种属反应了；但我们仍然认为，蝗虫和旅鼠还不是"浮浪者"。同样，这位美国生物学家关于"人类的浮浪与鸟类的浮浪可以等量齐观"的看法，我们也不能接受，因为鸟类的迁徙是形成已久、运作顺利、定期交替的行为，发生在冬季的进食和栖息地与夏季的繁殖和筑巢地之间。它很可能开始于迈向"漫游"的个体变异或突变，但这种本能的建立和完善，与受季节变化影响的营养和繁殖的实际需要有着明确的关系。

重要的是，不要把人类的"浮浪"看成必然的病态，因为不论是远古的本能复萌，还是生下来就有一副新的身心模式，人都有上进的可能。压抑也许会让一个可能成为伟大探险家的逃票者沦为罪犯，让一个可能成为博物学家、行万里路的人沦为偷猎者，或是让一个可能成为吉卜赛学者①的人沦为"滚石"。在人生的进程中，特别是经历了世界大战之后，很多一度不安分的人可能会知足地安顿下来，另一些有着强烈"守家恋家基因"的人，却可能会不无益处地放任新添的浮浪气质。我们要冒昧地说一句，这些东西——特别是一切能让我们摆脱平淡、摆脱莎士比亚所说"摧残生命的沉重忧郁"②的东西——可以善加利用，造福于人。

---

① 显然出自马修·阿诺德一八五三年的名诗《吉卜赛学者》。——译注
② 见《理查二世》二幕二场。——译注

二十六　另一种眼光看寄生

　　自然界生机勃勃，可在这怡人的画面里，有一团令人困惑的阴影，那便是频繁出现的寄生虫病。对某些人来说，这似乎是大煞风景的一块污渍。然而，实践、审美和道德上的畏怯固然不无道理，我们却认为，这在很大程度上是由于缺乏全面的认识。我们先来简单地看一下事实。数以千计的生物，包括植物和动物，都生活在其他生物身上或体内，与它们紧密相连，形成直接的营养依赖关系，而完全无力以其他方式生活。它们是不请自来的无偿寄宿者，享受主人的款待，却不付回报。一想到妙笔生花的希普利（Shipley）①博士写到的"战争的小恐怖"，想到一米长的绦虫和肥大的蛔虫，舒舒服服过着不光彩的生活，想到无数的螨虫和蜱虫，想到鱼虱和吸虫，想到锈菌、霉菌和其他寄生菌，直到微小的、用显微镜才能看见的杆菌和锥体虫，寄生虫的数量之大，品种之多，便让我们大为震惊。多少令人宽慰的是，脊椎动物都不是寄生的，只有俗称老妖婆（hag）的盲鳗，有时会钻进渔民用深海钓线钓到的鱼肚子里。棘皮动物里没有寄生的，软体动物和腔肠动物里也几乎没有，也许部分原因是，此类动物的生命高度依赖新鲜介质中活体纤毛或鞭毛的运动。在植物当中，大部分寄生形式是真菌②，在有花植物中则非常少见。但无法回避的事实是，寄生是一种非常普遍的生命形式。在一棵欧洲橡树上安家的瘿蚊至少有九十九种，而在这一系列的研究发表之前，第一百种可能也已发现。印度宝贵的紫胶虫要受三十余种寄生动

---

　　① 阿瑟·希普利（一八六一年至一九二七年），英国动物学家。关于寄生虫的专著《战争的小恐怖》（*The Minor Horrors of War*）出版于一九一五年。——译注

　　② 现在普遍认为，真菌独立于植物、动物和其他真核生物，自成一界。——译注

植物的侵扰。四十多种会在狗身上安家；人和猪身上的寄生虫还要多得多。简而言之，任何有身体的生物都免不了外来的寄生者，在一个身强体健、胃口广泛的宿主身上，房客的数量何止千万。

寄生生物和宿主之间的关系往往非常特殊，因此，某些淡水贻贝的幼贝会暂时寄生于特定鱼类，英国肝蛭的幼虫也只在一种特定的淡水蜗牛体内发育。寄生生物和宿主之间的依存关系——总是营养供给关系，但通常超出这一范围——在亲密程度上差异很大，有的是体外食客，如鱼虱，也有亲密无间的内寄生生物，它们几乎成了宿主的一部分。有的是半寄生，一生当中有一两个阶段过着自由的生活，有的是全寄生，从一个宿主过渡到另一个宿主，展开一个又一个恶性循环，从不间断。寄生生物的退化水平，与依附宿主的亲密程度成正比，尤以感觉系统、神经系统、肌肉系统和消化系统受到的影响最大。可它们的生殖系统往往高度发达，繁殖非常旺盛。这也许首先与不劳而获、供给丰富、热量充足的食物和饭来张口的生活有关，其次可能是由于生命史上巨大的死亡概率，因为大部分寄生虫的生存有赖于多，而不是强。生命史的错综复杂往往格外惊人，部分原因在于寄生生物必须与宿主有难同当，老鼠体内的囊尾蚴，自然而然会变成猫肚子里的绦虫。丑陋的寄生生物很常见，但其中许多具备超强的适应能力。例如，绦虫用身体的整个表面吸收食物；它用强健的吸附器官，常常还会配合钩子，固着在宿主上；它只需最低限度的氧气，就能茁壮成长；它有一种神秘的"抗体"，使自身不会在宿主的肠道里惨遭消化；它能排出数以百万计的卵，这些卵能自体受精。它也许让人恶心，但在严格的生物学意义上，考虑到给定的条件，它是"适合"的。

许多人在想到寄生生物时深恶痛绝，部分原因是感同身受。让他们憎恶的是，天才不及成年，就惨遭卑鄙的微生物杀害，而小小的苍蝇，竟然拖累了文明战车的车轮。但这是一隅之见。很多寄生生物对宿主构不成什么伤害；一种生活方式（*modus vivendi*）业已形成。如果一只松鸡食道里有成千上万的线虫，只要它健康，那也无伤大雅。不过，如果它体质虚弱，小小的寄生生物也可能占得上风，消灭宿主。这种筛选有利于种族健康，所以不能说是可恶的。寄生生物对宿主的影响五花八门，有的释放出有毒物质；有的反而不无益处，比如马胃里漂亮的纤毛虫；有的引起内部病变；还有的诱发出美丽的赘生物，比如林中的栎瘿，或者牡蛎里的珍珠。多头蚴寄生在羊脑里，会引起羊的运动性共济失调，但鱼虱对宿主来说，常常可以视若无物。差不多所有蚯蚓的生殖器官里，都有寄生的簇虫，但它们一般无关紧要；可是，根头目的寄生甲壳动物，实际上可以破坏螃蟹的生殖器官。不仅如此，它们还会促使雄蟹向雌体转化，有时发育出小卵巢，腹部的形状也变得近似雌蟹，而囊状寄生虫的保卫工作由宿主负责，仿佛那是一嘟噜卵似的。另一方面，很多外寄生生物的所作所为，就好像它们终生的目标就是要替宿主做它决不会为自己做的事：保持它的皮肤清洁。在大多数情况下，寄生生物巨大的死亡率，都是由于移居动物进入全新的地区后，容易受到寄生生物的攻击，而自身又无法提供自然抵抗力，例如牛进入舌蝇地带，感染了锥体虫，便足以致命，可是锥体虫在本地动物身上安家时，却很少或根本构不成伤害。同样，一种新的寄生虫在新的人群中的致死率也是有目共睹的，如英格兰的黑死病，就是从东方传入的腺鼠疫病原菌造成的。杀死宿主并不符合寄生生物的利益——这无异于杀掉下蛋的鹅——但非常有可能的是，极具攻击性的寄生生物偶尔通过变成猛兽来消灭自己。鼠疫杆菌和昏睡病锥体虫等高度致命的病原菌经过自我评定，耻于和普通寄生虫为伍，好像也无可非议。它们是内部的嗜血植物和嗜血猛兽，有趣的是，我们注意到其中一些过着高度活跃的生活，这可不是成年寄生生物通常的习惯。

很多寄生虫的形体、颜色和动作，都令人产生美学上的厌恶，可如果做一番比较的话，想必会很有启发。一方面，某些寄生虫在宿主体外生活期，拥有迷人的外表，另一方面，它们成年后却可能变作难看的、臃肿的、吸收性的组织块。丑陋是大自然对堕落和无耻所做的标记，是退化、萎缩、迟钝和饮食过度的自然结果。在独立生存、发育完全、处于健康状态、人类难以染指的野生动物当中，美是普遍存在的；而丑是失败的烙印。乔治·梅雷迪思说过："丑陋不过是半途而废。"人人觉得菟丝子和槲寄生美丽，可它们也是半寄生的生物，看到这一点，难免觉得有趣。与纯粹的美学反感密不可分的，还有一种感觉：明明是生物体，又无法自食其力，这实在是自相矛盾的呀。

诚然，在很多人心目中，真正难以容忍的是，寄生生活有悖于大自然平素强调的艰苦奋斗。这一点当然不可否认，然而也存在着情有可原的情况。在为生存而苦斗的过程中，生物体发现自身受困于艰难的环境和种种的限制，有时对此做出的反应，就是寄生。但苦斗的生物并不以我们的眼光来看待此事，也不会预见到由此而来的轻易堕落（*facilis descensus*）。它也许是要想尽办法，在吞噬了它的更大的生物体内活下去，就像别的生物想办法在洞穴或温泉里生存一样。在寻找食物和住所的过程中，它也许会在另一个生物的体内或体表，发现别具希望的新天地。在很多情况下，寄生的只是雌性动物，因此，这种寄生不一定是自私的、对奋斗的逃避。有的寄生生物对宿主可能略有好处，有的共生体和共栖体虽然总体上有益，但还是要吃一点、拿一点，区别这两种寄生并不容易。所有这些关联都要从总体上来看，在它们身上，体现出了要把各种生命编织成网的普遍趋势——一种外在的系统化或相关性，在进化的过程中有重大的意义。

有人解释说，他们反对的不是寄生生物的破坏性，不是丑陋，甚至不是玩世不恭、随波逐流的生活，而是残忍。姬蜂把卵产在毛虫身上，孵化出的蛴螬以活组织为食；它们杀死宿主，最后破体而出，开始一段新的生活。碰到这种事，很难不用看人的眼光来看待它们。也许对毛虫来说，被敌人从内部还是从外部吃掉，并不是什么太重要的事；也许姬蜂的幼虫更像捕食的野兽，而不是寄生虫。至少有一点是可以肯定的：

姬蜂对毛虫所做的事，并不像人对人常做的那样可恶，因为人知道，或应该知道自己在做什么。不幸的是，人对人才是残忍，因为姬蜂的行为与其说是残忍，不如说是自然界经常出现的某种"野性"。生物体——甚至植物——的身上有着某种类似艺术天才的东西，此外就没什么好解释的了。它们有广大的资源，它们有创造力，它们是自由的。

二十七　神奇的本能

　　说到本能，很少有人比亨利·法布尔更有发言权了。在《物种起源》一书里，达尔文称他为"那个无与伦比的观察者"。在观察和同感方面的天资，使他极其贴近地了解了昆虫的生活，发现了达到顶点的本能行为。因为不管我们对本能抱有何种理论，它毫无疑问，都在雷·兰克斯特爵士所说的这些"小脑"型生物身上，得到了最纯粹、最完美的表现。一旦从蚂蚁、蜜蜂和胡蜂转向脑大的鸟类，我们便会立刻感觉到情况起了变化；推理和学习开始像天生的、本能的灵感一样起着作用。法布尔写了一系列的散文，以《本能的奇迹》（The Wonders of Instinct）为名问世[①]，使我们得以再次面对一个老问题：本能行为到底是什么？可我们还是先问一个谦虚些的问题吧：如果本能真那么神奇，那么这种神奇有哪些具体表现？

　　法布尔这位伟大的博物学家披露的第一个奇迹，是本能行为经常表现出惊人的完美。一种名叫树黄斑蜾蠃（Eumenes amedei）的独居胡蜂，在捕猎和建筑工艺两方面均达到了极致；它"时而是宁录，时而是维特鲁威，轮番上阵"[②]。它用细小的沙砾和唾液拌成的灰浆，建造了一个高约两厘米的精美穹顶；外壳遍布着闪亮的石英沙粒，有时还有小小的蜗牛壳；顶部的开孔"像希腊土罐的罐口，弧度优美，足以媲美陶轮的做工"。胡蜂妈妈先将一枚卵放入精心制作的巢房，再加入五到十条小

---

　　① 费希尔·昂温出版社。净价十先令六便士。——原注

　　② 宁录是《圣经》里英勇的猎户；维特鲁威是古罗马的建筑师和军事工程师。所以，树黄斑蜾蠃也可以说是忽而鲁达，忽而鲁班。法布尔的相关描述可见花城版《昆虫记》第二卷中的《黑胡蜂》。——译注

毛虫，值得注意的是，在给养充足的巢房内的那枚卵会发育成一只雌蜂，而在供给贫乏的巢中的卵，则成为小得多的雄蜂。也许是营养供给的不同，决定了未来的性别，造成非此即彼的构造偏差，可法布尔认为"母亲事先就知道自己要产下的卵的性别"，并且"对不可见的东西有清晰的认识"，这肯定是搞错了。但我们还是回到蜂巢好了，产完卵，储完粮，下一步就是用水泥塞子堵住开孔，而塞子里面总会嵌着一颗小石粒。"仪式总是一成不变。"但完美体现在内部，而不是外观。毛毛虫显然被蜇过了，放在胡蜂的巢房里，充当活体的食品柜，不过不是全麻，碰一碰还会蠕动。哪怕最小的压力，也能把这枚娇弱的卵压烂。所以，它是用一根丝挂在穹顶上的。蜾蠃孵化后，便把卵壳变成一条灵活的通道，可以够到并啃食毛虫，而如果遭到极力抵拒，便暂时撤退。这就是完美。

法布尔的观察非常细致地说明了第二个奇迹，即本能行为常常具备的连贯性。有一个特定的序列，而这个序列是有适应性的。天牛（Cerambyx）的蛴螬在橡树深处不停地钻蛀三年，但当它发育完全，临近变态时，就会向外围移动，开出一条通道，几乎破树而出，只留下一层薄膜般的屏障，就好像它知道，如果不这么做，即将脱离蛹壳的有翅甲虫就要被活埋似的。然后呢，它在走廊里后退少许，用咬碎的木屑垒起一堵外层挡墙，在挡墙后面，再做一道内隔断，好像白色的头盔或橡碗，说来也怪，其成分是碳酸钙和一些有机胶泥。下一步，是在门厅一侧，开一间化蛹室。内长八厘米或十厘米，垫上细天鹅绒①，这是粗鲁的虫子为嫩弱的蛹着想，而采取的一项周到的预防措施。再下一步，就是睡觉，梦到自己变成一只甲虫。"蛴螬放下工具，蜕去角质层，变成蛹，柔弱无力，卧在软榻上。头总是朝向门口。"这似乎是个微不足道的细节，但一根链条的力量恰恰体现于其中最弱的一环。柔韧的蛴螬

---

① 指分解了的木质纤维像细天鹅绒一样。——译注

可以在小屋里左转右挪，但即将出蛹的天牛将转不了身，也弯不了腰。

"它非得在前方找到门不可，否则就要在这棺材里自生自灭。如果蟪蛄忘记了这个小小的仪式，如果它头朝着屋子里头躺下，睡个成蛹的觉，长角的甲虫一定会迷失方向；摇篮也就成了无望的地牢。"但蟪蛄忘事的能力可能和它学习的能力一样差！

法布尔的研究凸显出的第三个特点，是本能的局限性。它做事时通常循着精妙而完美的常规链条，从头到尾不见一处松脱，到头来却往往遇到近乎荒唐的惨败，而但凡有一丁点的智慧，就可以及时出手，挽救大局。当然了，事实是，本能已经缓慢而近乎完美地适应了百分之九十九的正常情况，而不是为了迎接百分之一的意外。然而，奇怪的是，葬甲竟然甘心耗死在一座人造的监狱里，对这些专业的掘洞者来说，这监狱无异于大门洞开——生理上的洞开，心理上却是封闭的。它们在困难的条件下，埋葬一只老鼠时，往往表现出极大的恒心，但法布尔巧妙设计的实验表明，只消简单的小把戏，就能让葬甲无所适从，而此时如果沿着正确的方向轻轻一推，本来便可大功告成的。正像大家都知道的那样，观察家法布尔曾经在自家的花园里，围着一个大花盆的盆沿，组建起一支毛虫的队列，结果呢，这些生物沿着一条光洁的小径，徒劳地兜着圈子，爬行了七个二十四小时，绕了三百三十五圈，行程将近半公里。这个实验和十几个类似的例子，说明了法布尔眼里昆虫"无尽的愚蠢"，只要遇到一丁点的意外，便会暴露殆尽。我们应该说，这是本能冲动在人为的或极不寻常的情况下表现出的专横。"毛虫身陷困境，忍饥挨饿，无处藏身，入夜受冻时，还是要死守着那条循环了几百次的丝带，因为它们缺乏最基本的理智，但凡有一线理智的微光，也会奉劝它们放弃。"我们也应该说，这是因为往昔之手已经以常规反应的形式，烙进了神经系统。它太强大了，不允许现时有任何的主动性。

这些有趣的事实可以把我们引向什么理论呢？柏格森[1]坚持认为，本能行为与智能行为走的是不同的进化路线，在我们看来，这是对的。后者是推导的和思考的；前者是冲动的和直觉的。智能总是立足于关系；本能总是立足于特定的情境布局。智能后天得来的和先天的一样多；本能则先天多于后天所得。在岁月的长河里，生殖细胞中的变化之源为结构和生物工具的累积改进提供了材料。在岁月的长河里，同一个源泉也为客观上的控制组织和神经系统、主观上的精神生活的累积改进提供了材料。控制改进和工具改进之间的相关性，是在自然选择缓慢的筛选过程中达成的，而物竞天择的运作，总是明确地参照一组特定的、经常发生的或绝对关键的外部环境。它们反过来也会逐渐变得更复杂、更精细，从而起到不断进化的滤网的作用。我们同意某些人的看法，他们发现，如果不去假设，在一个复杂的、按部就班的本能行为中遍布着某种程度的意识，并由某种程度的努力来加以维系，就很难对此加以认真的思考。我们发现，没有理由把本能视为一种低级的智能，更没有理由把它看成是智能失效的结果。我们认为，法布尔在使用他所说的"天生的灵感"一语时更接近事实，而我们在力图就此给出纯生理学的解释，说本能像记忆那样，是一种更为生理化的现象时，也给自己制造了难题。大自然的部分策略，似乎是把能力预载到有机体内，以给它更大的自由，去做新的冒险。本能虽然让生物得以快速掌控复杂的环境，预载有时却会偏离目标，而由于缺少了一点点逻辑，生物常常不可避免地陷入窘境。可是对脑大型的生物来说，虽然具备快速的可教育性和从经验中受益的能力，失败的可能性也同样存在，这一点在人类当中非常显著，因为我们缺少更多的本能智慧。不过，总的来说，智能是更为优越的方式，尤其是在加入了社会遗产的外部预载时。

---

[1] 亨利·柏格森（一八五九年至一九四一年），法国哲学家，一九二七年诺贝尔文学奖得主。在《创造进化论》一书中，他指出了生命进化的不同方向：无知、智能和本能。——译注

二十八 营造生活家园

也许地球本来是一个旋转的环，从旋转的星云团中分离出来，凝聚而成，星云团的中心则形成了我们的太阳；也许地球开始独立存在时，只是离开太阳的螺旋星云中的一团结块。但无论地球的起源是什么，都曾有一个阶段，它从"空虚混沌"变成了一个致密体，主要由金属核与较轻的外层熔渣组成。那个时候——具体时间最好还是不说了吧，反正是在亿万年前——由于高温的缘故，地球上不可能存在任何一种与我们所知相近的生物体。生命的时刻还未到来，我们希望思考的是某些准备（虽然这个词不是很科学），使地球适合成为——如果不是亲自生养的话——芸芸众生的家。当这些生物最终自成一体时，许多已获得了很强的韧性，有些还具备了造反的能力，但是今天个体初生时的娇弱、幼芽的纤柔、婴儿的无助，都在提醒我们，最早的生命形式可能是脆弱的。而外部世界如此冷酷无情、动荡不安，怎么还会允许我们称之为生命的柔弱植物发芽和生长？对此做一番探究，想必颇为有趣。在这番探究当中，我们将主要参照两位教授在近作中提出的观点，一本是钱伯林（Chamberlin）[1]的《地球的起源》（*Origin of the Earth*，芝加哥大学出版社，一九一六年），另一本是亨德森（Henderson）[2]的《自然的秩序》（*Order of Nature*，哈佛大学出版社，一九一七年）。

大气层包裹着年轻的、或多或少地冷却下来的地球，里面充满了

---

[1] 托马斯·克劳德·钱伯林（一八四三年至一九二八年），美国地质学家和教育家，《地质学杂志》创办人。——译注

[2] 劳伦斯·约瑟夫·亨德森（一八七八年至一九四二年），美国生理学家、化学家、生物学家、哲学家和社会学家，关于酸碱平衡的亨德森-哈塞尔巴尔赫方程里的亨德森就是他。——译注

"星子"尘埃，缓慢地沉入地表，漂移在翻腾而多变的沙丘中。如钱伯林教授所说，早期的"超喀拉喀托式的'大气层'笼盖着年轻的地球，使它得以抵御外部的强烈辐射"（指更年轻、辐射也更强烈的太阳）"和强弱不等的内部辐射"。大气提供的这种"准备"也许非常重要，因为我们知道，一般生物能适应温和的温度和温和的反应，而不适应剧烈的变化。时间流逝，不断增长的大气层提供了水，水在地球表面凝结，逐渐被多孔、多尘的地幔吸收，直到沙丘间的凹陷地带出现水塘和小湖，继而扩展成湖泊和海洋。有了大气层，又有了第二项"准备"，即水圈，生命的可能性变得更近了。

毋庸赘言，这是因为水是生命的先导，就像它现在是一切生命活动重要的伴随物一样。亨德森教授看出了水的重要性："与其他任何液体相比，水能以更大的密度溶解种类更多的物质"；"要使一座湖泊或池塘完全蒸发，需要大量的热量，而同样大小的水体在整体冰冻之前，也必须释放虽然小一些但仍然非常大的热量"。众所周知，淡水在接近冰点时的异常膨胀，保护了液态水和其中的生命。而它的水解断裂能力，或分子流动性，在身体机能中如此重要，对此我们又该如何评价呢？

但是，正像时机成熟时，水必然在地球上出现一样，二氧化碳也必然作为主要成分存在于空气中，二者的关系促成了进步。因为二氧化碳在水中溶解度的规律是，在温度与水圈相一致的情况下，"它总要在空气和地球上的水之间达成某种程度的均匀分布。水永远不能把碳酸从空气里冲走，也不能把它从水中提取出来"。此外，雨水中碳酸的存在，使地球上的水能够适度调动锁在矿物里的资源。

地球生物体的起源仍然是个未解之谜；但是，尽管困难重重，许多进化论者还是赞同这样一种理论：非常简单的生物可能是从所谓的无生命材料中产生的，是自然合成过程的结果。如果是这样，那么在年幼的地球表面，丰富的碳、氢和氧，以及化学家所说的这三种奇妙元素独特的组合特性，就会出现新的意义。它们有强烈的反应性，它们使极大的多样性成为可能，它们使浓缩与合成成为可能，这些又有利于胶体系统的形成。现在，所有的生物基本上都是由蛋白质和其他碳化合物以胶体状态构成的。只有在这种状态下，材料才可能具备生物体特有的柔韧性和渗透性，而托马斯·格雷厄姆（Thomas Graham）[1]在一八六一年写道，"能"（energia）"可以看作是生命现象中出现的力量的可能的原始来源"。现在，通过某种介质中的超显微粒子、悬浮或分散的液滴，几乎所有的物质都能呈现为多相不均匀的胶体状态，而复杂的化学物质似乎总是毫不迟疑，随时准备进入格雷厄姆所说的"动态"。但是，正如亨德森教授要我们留意的那样，"在所有的化学元素中，氢、碳、氧的化合物数量最多，参与的反应也最多"，"氢、碳、氧，以及水和二氧化碳的独特性质，对系统成分在种类和数量上最大可能的存在，是独一无二的有利条件"。

除了特殊的性质外，我们还必须考虑到碳、氢和氧的分布非常广泛，这又可能像门捷列夫（Mendeléeff）[2]曾经指出的那样，与它们的小原子量有因果关系[3]。接着讲我们的故事。我们看到，钱伯林教授提出了一个重要的想法：成长中的土壤的孔隙可能提供了"一种适当的机制，用以保持、保护和保存每一个连续步骤的产物，使之有利于下一个合成步骤"。无论"自然发生"是不是在土壤的孔隙中开始的，也无论生物体的出现是不是由于某些仍未得到科学论述的因素，可以肯定的是，自然条件是有利的。如此一来，土壤提供了一种循环机制，输入补给物，运走废弃物。土壤里有一个复杂的管道系统，由毛细空间和通气道组成。不管年轻的生命形式是怎样产生的，对它们来说，没有什么比这更好的了。

---

① 托马斯·格雷厄姆（一八〇五年至一八六九年），苏格兰化学家。——译注

② 德米特里·门捷列夫（一八三四年至一九〇七年），俄国化学家，世界上第一张元素周期表的制作者。——译注

③ 致《新政治家》的信，一九一八年六月八日，第一九一页。——原注

古往今来，物质的持续循环，尤其是气象周期，具有不可估量的重要性。水从大气中凝结而下，渗入土壤，在二氧化碳的帮助下，溶解矿物质，流向海洋，再以云的形式重新升空。这就调节了陆地和海洋的温度，调动和分散了大量的元素，让海洋有了近似恒定的成分，使地球江河遍布，造就了陆地巨大的多样性，凡此种种，不一而足。因此，通过亨德森教授关于水作为进化因素的论述，我们自然而然地转向了钱伯林教授对气象周期和其他进程所保证的相对均匀性的强调："也许在地球的生涯里，再没有哪些事实比忠实度更重要的了，有了这种忠实度，温度只在狭小的范围内变化，对生命进化至关重要的大气成分也局限于同样狭小的范围，而在这些允许的范围内，又有着充分的自由摆动。这些限制和这些摆动也许是生命起源的必要条件，也是生命长期延续的必要条件。"物理化学环境的稳定，对生命的进化是友好的，这与土壤和气候中存在着逐渐的变化并不矛盾，反而可能对生物进化起到了刺激作用。有机进化有自己的脉搏，能对外部条件的改善或抑制做出反应，就像我们个人的脉搏能对晴天或阴天做出反应一样。约翰·伯勒斯（John Burroughs）[1]说："难道人不是比恐龙更需要一个凉爽的地球和深厚而精细的土地吗？"

这么多顶呱呱的河，流经了这么多大城市，老妇人从中看到的是上天的设计。我们是否也犯了同样的错误，认为无生命体的构成在许多独特的方面格外有益于生物呢？如果说原始生物是在地球上通过自然合成的过程产生的，在深层意义上是大地母亲的骨中骨、肉中肉，那么母亲对自己孩子的好也就不足为奇了。你想必会以为，这样出现的系统总要在某种程度上去适应它们得以产生的环境。可让人印象深刻的是，冷酷无情的地球竟然格外友善，不仅提供了庇护所，还提供了一个起到鼓励和教育作用的家。如此众多的"准备"，似乎在通力促进生命的发

---

① 约翰·伯勒斯（一八三七年至一九二一年），美国博物学家和自然散文家。——译注

展——大气层和水圈的形成，水和碳酸气各自的特性与结合后的特性，碳、氢、氧的特性和丰富的程度，复杂的碳化合物为进入胶体状态所做的准备，多孔土壤的特性，以及气象周期。如果淡水不具备在冰点附近膨胀的异常特性，生命的整体面貌就会不同，正像我们的大气层如果过于浑浊，使我们无法看到星光，人类历史的整体面貌就会不同。大可以断言，如果有其他元素、其他特性的话，那么出现的可能是其他生物，与我们所知的那些迥然不同，却同样适应，同样奇妙和美丽；不过，这一断言还没有人加以证实。要坚持如下事实：无生命的自然界的秩序一向如此，有利于有生命的自然界的秩序和进步。必须承认，"物质自然"——世界的石头和砂浆——具备一种使得为生命家园做准备成为可能的特性——一种我们似乎只能以目的论加以归纳的潜在性。但是，为生命准备家园并非全部，因为在遥远的未来，还有人的理性思维，可以窥探事实，思索事实，并在某种程度上加以理解；如果这也是出于自然的演化，那么，即使我们希望不是如此，却还是逃脱不了这样的结论：我们所说的物质的东西也是精神的，因为说到底，不可能有什么东西一开始不是以实物的形式存在。这么说，大自然就是大自然的目的。

二十九 与达尔文一起前进

很难不赞同这样的想法：一定存在着某种遗传关系，至少作为代表，体现着生物一生中获得的许多个体性成果。很难拒绝这样的观念：个体经验一定以某种方式计入了种群的进化。因此，我们常常听到"回到拉马克"的口号①也就不足为奇了。摆在我们面前的这些问题是如此重要，所以用不着为了另眼观之而道歉。我们必须记住赫伯特·斯潘塞坚定的主张："对后天获得的性状是否遗传这个问题的正确回答，构成了正确信念的基础，不仅在生物学和心理学中是这样，在教育学、伦理学和政治学中同样如此……总的而言，生物学家负有重大责任，因为错误的回答除了可以造成其他影响，还会导致对社会事务形成错误的观念，并引发灾难性的社会行为。"这番话应该让我们的研讨免除了为争论而争论的嫌疑。

核心问题是：由于功能（使用和不使用）上的，或笼统地说环境和养育上的特殊性而直接引起的个体生物体结构或功能上的变化，是否会以一种特有的或具代表性的方式，对生殖器官中的种质产生影响，从而使后代虽然没有受到过前述养育上的特殊性影响，却表现出与亲本后天所获相同的改变，以至趋同？这些改变是直接的外源作用的结果，不同于表达胚胎易变性的变异或突变；具体而言就是，改变的获得者是否能把改变原样照旧地，或在任何典型化的水平上，把它传给后代。据

---

① 指法国博物学家和生物学先驱让-巴蒂斯特·拉马克（一七四四年至一八二九年）及其"用进废退"和"获得性遗传"的理论，即常用的器官逐渐发达，不用的器官则退化，后天锻炼的成果也可以遗传给下一代。二十世纪三十年代以后，大部分遗传学家认为拉马克主义是无根据的，但在苏联，直到六十年代，拉马克主义一直以李森科主义的形式统治着遗传学。——译注

信，深层作用可能对生殖细胞和未出生的后代产生次要影响；但这一问题不在讨论之列。在养育的过程中，长期持续的、深度浸润的特殊性，也可能产生进入生殖细胞或胚体的物质（例如在胎儿期间与母亲共生的哺乳动物，或开花植物尚未分离的种子），但至今还没有令人信服的证据表明，由此产生的变化成为永久的特性。如果我们有理由相信，经过个体的锤炼，至少有某些有益的改变，可能出现了一丁点的遗传，那么这也许能够促进我们对生物进化的理解，但难就难在要找到令人信服的证据。因此，如今的大多数博物学家对后天获得性状遗传抱持怀疑的态度，而出现这种情况绝不是因为晦暗向往光明，而是受迫于铁的事实形成的压力。这种怀疑早在康德、希斯（His）和普里查德（Pritchard）等人的论著中就有过线索，后来再由高尔顿和魏斯曼做了精湛的表达。多年来，一个又一个据称获得性状遗传的案例接受了详尽的评判，雷·兰克斯特爵士的观点现已得到普遍的赞同，他指出，后达尔文主义动物学的一个显著进步，就在于清除了拉马克理论关于个体后天获得性状或身体变化具备可遗传性的一切残余。然而，近年来，很多"回到拉马克"的观点又有了复苏的迹象，这当然也是值得欢迎的，其源头也许是塞缪尔·巴特勒，而西蒙（Semon）[1]、坎宁安（Cunningham）[2]、哈托格（Hartog）[3]、弗朗西斯·达尔文（Francis Darwin）[4]、柏格森、拉塞尔（Russell）[5]、达比希尔（Darbishire）[6]等人则各有表述。请允许我

---

[1] 里夏德·西蒙（一八五九年至一九一八年），德国动物学家和进化生物学家。——译注

[2] 约瑟夫·托马斯·坎宁安（一八五九年至一九三五年），英国海洋生物学家和动物学家，新拉马克主义者。——译注

[3] 马库斯·哈托格（一八五一年至一九二四年），英国教育家、自然史学者、生物哲学家和动物学家，当时有名的拉马克主义者。——译注

[4] 弗朗西斯·达尔文（一八四八年至一九二五年），英国植物学家，查尔斯·达尔文的第七个孩子和第三个儿子。——译注

[5] 爱德华·斯图尔特·拉塞尔（一八八七年至一九五四年），苏格兰生物学家。——译注

[6] 阿瑟·达金菲尔德·达比希尔（一八七九年至一九一五年），英国动物学家和遗传学家。大战期间投军，未及上前线，便于圣诞节期间因脑膜炎在营中病故。——译注

在此特别提及里尼亚诺（Rignano），和蔼可亲、不知疲倦又不偏不倚的《科学》（*Scientia*）主编，这份杰出的杂志堪称爱好和平的国际主义的可靠工具。现在，要回到拉马克，我们当然就要尽力更加彻底地理解他的立场，就像拉塞尔在其《形式与功能》（*Form and Function*，一九一六年）一书中所做的那样。要回到拉马克，我们当然要在不违背已知事实的前提下，去发现是否能不重新利用那条引导着早期探索者走出进化迷宫的阿里阿德涅的线。但是，我们可不要通过把四十年来对证据的怀疑性审视推到一边去而回到拉马克，也别凭着混乱的印象，觉得达尔文主义否认"优育的种族价值"，更不要受到愤世嫉俗的观念影响，认为那些怀疑获得性状遗传的人恪守着"蛮横的信条"，其背后的动机是"一手把钱装进自己的腰包，一手把权力压到穷人身上"。

也许有许多像我们一样的人，并没有带着极度的不情愿，作为悔罪者回到拉马克主义的信仰中去，如果这并不意味着也不必意味着对达尔文主义的任何背弃的话。但我们不得不首先让自己改变，而卡默勒（Kammerer）①博士常引用的实验是不够的。例如，在我们看来，阿加（Agar）博士的实验和卡默勒博士的实验一样仔细，却指向了相反的结论。无论如何，阿加是这样认为的。卡默勒的工作非常突出，做得也非常细致，但是要正正当当地促成反转，我们肯定还需要不止一位研究者做不止一套实验。对卡默勒获得的那种结果，可以在此简要做一下说明。他发现，黄色的背景和潮湿的空气加深了普通斑点钝口螈的黄度，而这种变化在相当程度上得到了遗传。在母本体内孵化的子代，一开始就几乎但不完全像改变后的亲本一样黄了。实验持续了十年，要是用区区几行字来加以评判，那就太荒谬了。卡默勒煞费苦心的研究收获了巨大的赞誉，他声称，光线透过亲本半透明的组织，可以直接影响体内的

---

① 保罗·卡默勒（一八八〇年至一九二六年），奥地利生物学家，拉马克学说的支持者。受到伪造实验结果的指控后自杀。——译注

生殖细胞，这一结论遭遇了异议。不能忽视的是，作为最重要的动物学家之一，麦克布赖德（MacBride）[1]教授确信，卡默勒已经证明了后天获得的特性在某种程度上是可以遗传的；但有了前车之鉴，我们还是不能轻易回到拉马克。

如此一来，如果不能确信拉马克的主张已经得到了万无一失的证明，我们也就同时回到了达尔文的理论，即变异的自然选择始终是进化的一个原因。但是，我们回到的并不是经常在综述时受到不公正对待的理论，比如"那种业已受到验证的、关于存活力较弱者灭亡的学说，以解释存活力较强者的起源"。因为达尔文已经非常清楚地表明，他是在假定给筛选过程不断提供原料，而我们今天在探究内在变异和突变的起源时，只能比假设走得更远一些。我们可以提到造成变异的具体的刺激因素，已知这些因素会引起生殖细胞的变化，也可以提到生殖细胞的成熟和受精，为遗传重组提供了常见的机会；可是一触及新特色的起源，目前就很难摆脱这样的假设：我们称之为生殖细胞的隐性生物体在做着自我表达的实验，就像显性生物体一贯在做的那样。没有必要被经常用来污蔑达尔文主义的"偶然"一词吓倒，因为它像达尔文也说过的那样，只是"我们对变异规律极其无知"的一种简略表达。胡卡姆（Hookham）先生给我们提供了有趣的信息（《新政治家》，一九一七年三月三日），达尔文赞同他对自然界偶然性所做的生动说明："如果人类想击中一个目标，他就瞄准它；如果瞄得够准，就能击中；而大自然的计划是在利用所有时间、借着所有的风抛起沙粒，最后她也击中了，但不能说她瞄准了。"可我们认为，我们不能凭着达尔文对胡卡姆先生形象说法的一句赞许，便推断出他对纯粹的偶然性有坚定的认同，正如他解释过的那样，他只是不能把突发的变异看作是出于计划或早有

---

① 欧内斯特·麦克布赖德（一八六六年至一九四〇年），英国海洋生物学家，拉马克进化论最后的捍卫者之一。——译注

目的。他还更进一步，在给另一个人的信中写道："如果我们放眼整个宇宙，理智便会拒绝把它看成偶然的结果。"他强调了"关联变异的原则，当一个部分变异时，其他部分也会产生变异"，这同样有助于我们理解他所说的"偶然"是什么意思。但无论如何，我们所说的达尔文主义并不意味着查尔斯·达尔文的原话，而是从他关于内在变异或突变之自然选择的中心思想中合理发展出来的活的学说，而这种学说正在吸收大量新鲜的事实，涉及变异的确定性、变异的关联性、单位性状的出现、突变的粗暴性等诸多方面。越来越多的证据——如染色体领域——表明，变异往往是比以前所认为的更明确的变化，而偶然或意外的因素似乎减少了，这是因为新的偏离受到限制。某种程度上必须与已经出现的生发组织保持一致。我们认为，这不是"指导性的原则"，而仅仅是生物体的一致性或个体性，在嵌入生殖细胞时，就像在成长完全的生物中发现本质的突然显露一样真实。

还有一事，可以用来说明正在弱化的貌似的偶然，那就是达尔文清楚地意识到，筛选的过程常常是参照一个复杂的生命网来运作的，因此，一个细微的差别——某种特有的习性——很可能具备生存价值；一般来说，自然选择的运作关系到一个外部的、经岁月洗礼已日益完善的自然系统（*Systema Naturae*），这确实对进化的进步性做出了部分解释。经过筛选的生物在进化，筛选工具也在进化。这一点对人类意义深远，因为人类有那么多的进步是在原生质之外取得的，应归功于组织和机构、永久产品和城市、文学和艺术，它们在整体上形成了一个庞大的筛选装置，其本身也要逐一经受最高标准的批判性选择。至于在普通有机进化中起作用的因素，是否比在无机形成过程中起作用的因素更复杂的问题，我们的答案是：复杂得多。因为自然选择是作用于不能以机械而论的东西上的，筛选过程本身也不只是机械运作。因为显性生物的表现，常常像是在打隐性生物放进它手中的新牌。生物体有时被所处的环境选择，有时又选择环境。它们常常帮忙打造自己的筛选工具。关于生物进化的手段，我们所有的正式表述都过于死板了，往往遮蔽了问题的核心，对此，循着达尔文的思路，我们可以不断获得新的启示，看到生物有了生命的意志，有了叛逆的主见，有了冒险的精神，有了追求幸福的努力，便可用作真正的动因，合纵时间，连横环境，参与到自身的进化中去。

三十　孟德尔提供的线索

　　在达尔文之前的时代，Heredity（遗传）的字头是大写的，仿佛这是一种造物的力量或原则，今天很多人仍然在这样使用Evolution（进化）一词。达尔文有很多贡献，其中一项就是他让我们看到，一代和另一代之间的生物连锁，是可以加以科学探究和科学表述的。对他来说，遗传是连续多代之间的传承关系——通过作为载体的生殖细胞，在很大程度上存留了特异性，无论是形态还是习性，也无论是微观结构还是化学代谢。他关于生殖细胞与特化的体细胞何以区分的详尽理论（泛生论），让人委实不能接受，但正是有了达尔文，对遗传的科学研究才得以真正起步。对种质连续说观念的阐明，要归功于他的表弟弗朗西斯·高尔顿、魏斯曼教授和另外几个人，这种观念认为，同类相生的原因，是特化组织通过非特化生殖细胞的血缘关系得以存留。虽然受精卵的大部分生殖物质用于后代身体的生长，以最令人迷惑的方式分化成神经和肌肉、血液和骨骼，有些余留之物却得以完整地保存而未被特化，进而形成后代生殖器官的原基，并在适当的时候，发射另一个同样的容器，踏上生命的冒险航程。因此，亲本与其说是其子嗣的生产者，倒不如说是种质的受托者。种瓜得瓜，种李得李，可以从新的意义来理解了。或如柏格森不那么静态的比喻："生命如电流，以生物体成体为媒介，从配子传递到配子。"尽管现在已经很清楚，魏斯曼夸大了体细胞和生殖细胞的差异和分隔，但种质连续性这一大观念仍然是对后达尔文生物学最重要的贡献之一。它解释了遗传主体的惰性，从一代传给下一代时几乎没有变化。因为人不会从荆棘上摘葡萄，也不会从蒺藜里摘无花果①。以相似的原料为始，在相似的条件下发展，故而同类相生。

孟德尔划时代的实验工作，想必会让达尔文心悦诚服，却深埋于布吕恩自然科学协会的故纸堆下②，尽管如此，英国对遗传的统计学研究还是发展起来了，弗朗西斯·高尔顿爵士和卡尔·皮尔逊（Karl Pearson）③教授对此出力甚大。正是高尔顿开始研究特定性状在连续多代中的遗传，并在数量上测量遗传的相似程度。这使他得出了先代遗传定律，即平均下来，对每种遗传性机能的贡献一半来自亲本，四分之一来自祖亲本，八分之一来自曾祖亲本，并按同样的递减比例（皮尔逊后来稍做修改）向前代类推；另一个推论是子代退化定律，即子代往往更接近种群平均值。但是必须记住，这些平均统计推论对非融合遗传性状并不成立，它们似乎没有充分考虑到先天变异和个体获得性变化之间的根本区别。后者是由于特定的养育作用于体细胞的结果，尚未得到可以遗传的证明；前者是生殖细胞易变性的表现，在某些情况下业已证明是可以遗传的。不管怎样，具有重要价值的是，统计学数据证明了某些微妙的质素——如多产和长寿——具有可遗传性，也有证据表明，某些定义明确的精神品质能够像身体特征一样传给后代，并在后代中扩散。

二十世纪的第一年将因科伦斯（Correns）、德弗里斯（De Vries）和切尔马克（Tschermak）重新发现孟德尔留下的线索④而载入生物学的史册；世纪初以来，遗传科学取得的进展超过了以往所有年份的总和。

---

① 语出《马太福音》："荆棘上岂能摘葡萄呢？蒺藜里岂能摘无花果呢？"——译注

② 孟德尔神父一八六五年的论文《植物杂交实验》仅在他所在的布吕恩（今捷克共和国布尔诺）自然科学协会宣读过，但未引起注意。他的论文和他作为现代遗传学之父的声誉是到了二十世纪初才被后世学者发现和肯定的。——译注

③ 卡尔·皮尔逊（一八五七年至一九三六年，一译皮尔孙），英国数学家，高尔顿的学生，现代统计学创立人之一。——译注

④ 卡尔·科伦斯（一八六四年至一九三三年），德国植物学家和遗传学家；胡戈·德弗里斯（一八四八年至一九三五年），荷兰植物学家和遗传学家；埃里希·冯·切尔马克（一八七一年至一九六二年），奥地利农学家。他们三人在一九〇〇年分别发现了孟德尔的原始论文，并同时认识到其重要意义。——译注

为此，我们要感谢众多的研究者——贝特森（Bateson）^①尤为出众。孟德尔主义的中心思想是什么？适用范围有多大？提供了哪些实用的预言？

孟德尔的遗传思想有三个基本观念：一、头一个便是"单位性状"。遗传至少在部分程度上，是由许多大体上清晰、明确、不混合的性状构成的，这些性状在某些后代中作为离散的整体延续下来，既不混合也不分裂。如果一个人的手指都是拇指，也就是说，有两个而不是三个关节，那么这种"短指畸形"的单位性状，一定会在此人的后代中以一定的比例延续。对夜盲症——在微弱光线下看不清东西的症状——遗传关系的追踪，大约从十七世纪初就开始了。一种类型明确、非常聪明的侏儒，已知每隔四五代便会复现。哈布斯堡唇（下颌突出）的可延续性众所周知，足以说明单位性状的存留方式。这些单位性状的表现好似离散的整体，可在一定程度上自由组合，并分配给后代。有些人认为它们是由配子中的特定粒子代表的；另一些人则说代表它们的是超微构造的差异。很可能一个性状涉及数个因素，或者一个因素可以影响多个性状。二、孟德尔主义的第二个观念是显性性状和隐性性状。孟德尔将纯种高茎豌豆与纯种矮茎豌豆杂交，子一代都是高茎的，他把高茎的性状称为显性性状，同时把矮茎的称为隐性性状，留藏在杂种子代中。矮茎性状没有表现出来，但肯定包含在遗传特征里，因为它会在这些杂交一代通过近交或自交产生的四分之一子代中得到重新表达。如果一只日本华尔兹鼠^②与一只正常鼠杂交，则所有的杂种子代都是正常的，华尔兹特殊性对正常性而言是隐性的。如果杂种鼠近交，则子代中是华尔兹鼠的平均比例为四分之一 ——这些华尔兹鼠可作为纯华尔兹鼠出售——尽管其两亲本和一个祖亲本都是正常鼠。同样，余下的子代中约有三分

---

① 威廉·贝特森（一八六一年至一九二六年），英国植物学家，遗传学（genetics）一词的第一个使用者。——译注

② 一种绕小圈而行但不能直线行走的小鼠，据称原产于日本。——译注

之一是纯正常鼠，三分之二则像一代杂种鼠一样——外表上是正常鼠，但暗藏着华尔兹的性状。常见的情况是，两亲本的相异不在于呈现出一对（或多对）相反或替代性的性状，而在于其中一个亲本有某些单位性状，另一个没有。其中的道理是一样的——得到表现的单位性状相对于它自己的缺失而言是显性的。为了说明孟德尔遗传理论所说的性状，可以举出以下几个例子，每一例列在前面的就是显性性状：牛的无角和有角，兔和豚鼠的正常毛长和"安哥拉"长毛，人的卷发和直发，家禽的有肉冠和无肉冠，家禽的多趾和正常的四趾，林蜗牛（Wood-snail）的无条纹壳和有条纹壳；豌豆的黄色子叶和绿色子叶，豌豆的圆籽和皱缩籽，小麦的无芒和有芒，小麦对条锈病的易感和免疫，大麦的二棱皮和六棱皮，荨麻叶的大齿和小齿。一个性状是显性的，而另一个是隐性的，其原因还不得而知；一个正向特征可能是隐性的，而一个负性特征可能是显性的。应该注意的是，在互斥的或孟德尔遗传的大量案例中，子代的显性性状是不完全的；因此，黑色的安达卢西亚鸡与白色的安达卢西亚鸡杂交后，子代是"蓝色的"安达卢西亚鸡。三、孟德尔主义的第三个观念是分离理论。孟德尔认为，杂种子代产生两种数量大致相等的配子—— 一半带有定子或与显性性状对应的因子，另一半不带，或带有与隐性性状对应的因子。换句话说，每个配子对于任何给定的单位性状都是"纯的"。如果是这样，如果受精是偶然的，那么杂种一代的子代一定会表现出孟德尔比例，即百分之二十五的纯隐性，百分之二十五的纯显性，百分之五十的不纯显性（像最初的杂种），如果近交，就观察到的特定单位性状而言，其子代将出现同样的1：2：1的比例。

常有人问起，除了这种孟德尔模式以外，是不是就没有别的遗传模式了？这在以往是毫无疑问的，现在则继续是一个研究的课题。穆拉托人①所表现的——就肤色而言——是其父母性状的混合吗？还是说这个

---

① 穆拉托人指黑人和白人的第一代混血儿，也泛指黑白混血儿。——译注

问题没有看上去那么简单？长耳兔和短耳兔的杂交种不是取两亲本精确的中间值，而杂交的凤头鹦鹉不表现图解式的混合？或者，这种情况按照孟德尔的理论足以解释为不完全的显性，或者是由于一种性状可以有多个因子，而这些因子在配子生成的历史上没有实现干净的分离。詹姆斯·威尔逊（James Wilson）教授最近对孟德尔主义做了介绍[1]，此文在实践上的一个优点是，它表明了那些似乎与孟德尔理论不一致的实验结果仍然可以与之相符。孟德尔分配比例中出现的扰动，可能是各种因素相互抵消、相互干扰、相互耦合等原因所致。虽然有了这些假说的帮助，难以自圆的案例与理论相符了，你却在心里留下疑问，这究竟是人类才智的胜利，还是生活不易参透的微妙的表征？当我们在其他权威的引领下，思考特定单位性状因子的分解或分化时，如此明显的矛盾就令我们的信心产生困扰。但科学的立场是实验和观察。在另一条线上，非常让人感兴趣的是摩尔根（T. H. Morgan）[2]及其合作者利用黑腹果蝇所做的实验[3]，由此证明了"每种性状都是遗传因子相互作用以及对环境反应的结果"。一种有特殊遗传异常的果蝇，如果在干燥的环境中饲养，就会正常发育，但在潮湿的环境下饲养其子代，就可以证明它们存在异常因子。换句话说，即使是孟德尔性状的表现，也需要适当的培养。

威尔逊教授强调，理论上的难题，不会妨碍育种者利用孟德尔放进他们手里的阿里阿德涅线，因为越来越清楚的是，孟德尔主义可以让育种者或栽培者更肯定、更迅速、更经济地达成所期望的结果。新知识展示出了怎样将某种单位性状的理想品质嫁接到砧木上，不良品质又是

① 《孟德尔主义指南》（A Manual of Mendelism），一九一六年，布莱克出版社。——原注
② 托马斯·亨特·摩尔根（一八六六年至一九四五年），美国进化生物学家和遗传学家，一九三三年因"发现果蝇中的遗传传递机制"获诺贝尔生理学或医学奖。——译注
③ 《孟德尔遗传的机制》（The Mechanism of Mendelian Heredity），康斯特布尔出版社，一九一五年。——原注

怎样可能不辞而别。从来没有比现在更需要把我们所有可用的科学知识投入到种植和育种的技艺中去的时候。英国小麦的平均产量约为每英亩三十二蒲式耳①。威尔逊教授告诉我们，这有可能提高到四十甚至五十蒲式耳。"从播种到收割，各种小麦的生长期每缩短一天，加拿大的小麦种植区就会向北延伸八十到九十五公里。"丹麦人所做的工作表明，我国源于乳牛的财富，是大有可能翻番的。同样的例子还有很多，这只是其中两例，拿来一窥孟德尔主义的实用价值——而这才刚刚开始。

---

① 约合每公顷二千一百五十二公斤。——译注

三十一 寻找变异的源头

生物学的一个基本问题是独特之新的起源。家里生下一个聪明而体形匀称的侏儒，在他的后代中，这一特殊的类型可能会按照一定的比例，在至少四代人里重现。悬而未决的问题是：侏儒是怎么形成的？这跟数学或音乐天才的起源一样，是老问题又一次摆在了我们面前。很难在新旧之间画一条线，但小新奇或彷徨变异①还是能够辨别的，它们与亲本型略有不同，也可能通过居间的渐变与亲本型相连，大新奇或"突变"则或多或少表现为一种新的类型，是不连续的。这种对比不在于数量的多少，而在于变化的性质。十七世纪出现的紫叶欧洲山毛榉，可能与普通山毛榉没有太大的区别，但这是一种不连续的变异，突然出现，就此定型。同样，白鼠看似不是很想变成褐鼠——它从中产生的鼠种——在当时却是个新起点，也能真实遗传。我们对栽培植物起源的认识还很贫乏，但有相当多的理由可以认为它们始于突变。我们知道，裂叶白屈菜的起源就是这样的，它在一五九〇年毫无征兆地出现，从此一直是真实遗传。某些彷徨变异似乎可以遗传，不同程度地在后代身上重现。因此，人类通过持久选择以达到理想目的的可能性也就仍然存在着。但现今的证据倾向于认为，关键的一步可能是突然迈出的。例如，"可脱粒"小麦在史前的重大起源，就很可能是突然出现在一株植物上的。同样，关于各种驯养动物的起源，我们现有的知识也乏善可陈，但有充分的理由相信，关键步骤不是由于对彷徨变异的筛选，而是得自对跳跃性突变体的繁育。近年来，我们对野生物种中产生的突变和存续已

---

① 指在某一生物群体中某一性状细小的，但是在量上连续的变异。彷徨变异是相对于下文提到的突变或显著变异而言的。——译注

经有了了解。例如，桦尺蛾的黑色突变体已非常成功，西印度群岛某种食蜜鸟的类似变种则几乎取代了母种。现在，无论我们对这两种新鲜事物的成因得出什么结论，都绝不能说它们是沿着黑化的方向、对个体的彷徨变异做出缓慢选择的结果。现代进化演说中的一个显著变化，就是越来越重视突变，也越来越不重视彷徨变异了。（至于个体获得的、从外部作用于身体而不是因内部易变的种质产生的改变，本身似乎没有多少直接的种属重要性，因为没有令人信服的证据表明它们可以遗传。）达尔文当然知道某些突兀的或跳跃性的变异，也就是现在所说的突变，但他故意忽略了，而把重点放在彷徨变异的选择上。他这样做最有力的理由在于，他深信那些突发的"单独的变异"或变种，会因杂交繁育而轻易淹没或消除。但我们现在已经知道，突变的特性之一，正是它们可以在不同百分比的后代中完全遗传。

　　荷兰植物学家德弗里斯对突变的进化重要性的认识，以及他对突变遗传表现的研究尤其值得称道。一八八六年，他在荷兰希尔弗瑟姆附近的一个土豆园里，发现了突变产生的一个月见草品种（*Œnothera lamarckiana*），这个故事经常有人提起。尽管高尔顿极力主张跳跃式的变化才是事实，尽管贝特森收集了很多非连续性的实例，但关于生物变异的连续性，武断的趋势已经得到了强化，正像以前对待变物种固定不变的观念一样。他们说"大自然不做跳跃"（*Natura non facit saltus*）①，但德弗里斯在希尔弗瑟姆的月见草中看出了"大自然的舞者"（*Natura saltatrix*），顺便提一句，它在十八世纪还是北美的野生物种呢。有三点可以强调一下。第一，德弗里斯的跳跃式月见草丢下的某些突变体，就像画家从笔记本上撕下的草图一样，纯属短命的失败，其他一些倒是可以成活，也能真实遗传，要不然最多也只能把它们称作正在形成的物

---

① "大自然不做跳跃"是德国自然科学家和哲学家莱布尼茨的名言，也是达尔文自然选择思想的核心之一。——译注

种，就像手指在寻找合适的环境手套一样。第二，在很多情况下，突变体都特别有趣，因为它们把差异完完全全表现出来了——在叶上，在茎上，在花上——这些差异必定让人想到生殖组织乱了套。真像月见草脱胎换骨了！第三，月见草的创造性或跳跃性并不局限于德弗里斯的特殊品种。它在其他品种的月见草中也有出现，还出现在金鱼草和大麦、草莓和玉米、果蝇和马铃薯叶甲、老鼠和人身上，凡此种种，不一而足。突变可以通过实验诱发——就像托尔（Tower）教授用马铃薯叶甲和亨利（Henri）夫人最近用炭疽杆菌做的那样——也能在野生自然界中自行显露，前面提到的桦尺蛾和食蜜鸟就是这样。其结果可能是加或减，可能是显性、隐性或两者都不是，也可能是病态的或正常的。突变在杂交种或纯种身上都有可能发生，在受精前、受精中或受精后也都有可能得到表现。总之，突变的起源或性质并无硬性规定：其共同特征是不讲理，与亲本原种不连续，并能完整遗传给一定比例的后代。这就使我们注意到拉格尔斯·盖茨（Ruggles Gates）[①]博士最近的杰作。多年以来，他一直坚持不懈地研究月见草的突变。在所著《进化中的突变因素》（*Mutation Factor in Evolution*，麦克米伦，一九一五年）一书中，他阐述了这些研究所取得的显著进展。他已经能通过详尽的细节表明，各种突变所体现的独特性与受精卵细胞组织可观察到的变化有关，尤其是对核小棒或染色体而言，每种生物都有一个确定的数目。月见草属染色体的基本数目是十四，在拉丁文种名 *lata* 和 *semilata* 的月见草中变成了十五，在 *semigigas* 中变成二十一，在 *gigas* 中又变成了二十八，如此等等。这种变化可以在受精卵细胞中观察到，并反映在整株植物中。在这一点上，可以参考人类的情况。有合格的观察者指出，男黑人的细胞有二十二条染色体，而女黑人至少在某些情况下可能有二十四条。而根据某些观察者非常细心的统计，男白人和女白人染色体的数目分别达到了

[①] 雷金纳德·拉格尔斯·盖茨（一八八二年至一九六二年），加拿大遗传学家。——译注

四十七和四十八①。似乎很难对这个简单的问题得出肯定的结论，但不妨像盖茨博士那样，问问白人有没有可能源于黑人人种的"四倍体突变和这种突变的结果"。当然，细胞核的变化不一定对染色体的数目产生影响，它有可能影响的是形状、大小和结构。更根本的是——但不再是明显的——染色体的立体化学结构或功能能力有可能发生变化。我们知道，在细菌中存在着显著的突变，它们的生理特性有时会突然发生变化。

突变学说关注的是新性状的起源，孟德尔学说关注的则是它们的遗传特性；两种理论就这样有了接触，看一下盖茨博士的立场也很有意思。首先，似乎很清楚的是，没有理由假定月见草有混合来源，也不能假定它的可变性（仍未穷尽）是这种来源的结果。突变可能与杂交完全无关，尽管杂交可能会增加突变的频率，甚至引发胚胎不稳定的状况。其次，孟德尔理论把所有新的性状分为显性性状（由于增加了一个因子）和隐性性状（由于失去了一个因子），而这种分类过于生硬，无法涵盖所有的事实。胚胎的变化多种多样，仅靠单位因子的增加或失去，是难以穷尽的。有些突变证明了孟德尔遗传，有些则证明不了。此外，孟德尔学说认为所有性状在遗传中都会分离，且不受杂交影响，但盖茨得出的结果远远没有证实这一点。他发现了孟德尔分裂（Mendelian splitting），这是对的，但不止如此。他发现了融合的例证和遗传性状相互影响的线索；他发现了称作"突变交叉"（Mutation crosses）和"孪生杂种"（Twin hybrids）的奇怪结果，而它们完全不是孟德尔式的。简而言之，孟德尔的分类过于死板，也过于拘泥于非动物领域了。

目前取得的进展证明，突变体身体上的异质与生殖组织中可见的扰乱有关。下一步是发现我们能发现的所有此类生殖组织的扰乱。盖茨博士已经描述了染色体在数目、形状、大小、排列和结构上的变化，但他

---

① 这些观察所得的结果无疑是错误的。——译注

小心翼翼地指出，我们必须超越这些，去研究特定染色体或染色体各部分的化学变化或功能变化。此外，在构成细胞核基本成分的神秘核液或凝胶中，或许也有变异发生。但是，在生殖变异的性质问题背后，隐隐浮现着它们如何起源的难题。生物体的多变性已经变成了染色体的多变性。这些生殖扰乱之所以发生，是为了应对渗入的细微的外界刺激呢，还是生殖细胞——在单细胞阶段存在时，我们坚持认为它是生物——发挥了更积极的作用（就像有孔虫艺术家用锚参的骨针打造外壳），进行了自我分化的实验呢？盖茨博士有着严谨的科学态度，很少允许自己耽于猜想，但他并没有忘记生物体是有生命的！"就像登山家悬荡在峡谷上方，可以通过换手，摆荡到一块突出的岩石上，从这儿可以朝着另一个方向重新开始，所以我们也可以认为，生物体在自己的后代身上尝试了很多无意识的实验，有些后代被自然选择的引力效应抛进了灭绝的深渊，另一些则迎来了幸运的转机，停在安全的岩架上，由此开始新的变异性尝试。"诚然，作者这是回到原生质化学和结构上的复杂性及其独特的应激性上来了，但我们希望，在这幅把生物体描绘成登山家的画面上，他能停留得更久一些。也许没有什么固定的登顶目标，却很可能离不开一种求变的自我表达实验，在生殖细胞中，它之于发育完全的生物反叛的成果，一如梦境里的试验之于清醒时奋斗所取得的成就。

三十二　洞穴失明记

与其他生物相比，人是出类拔萃的，但自然史上很少有对人类事务没有实际影响的深层问题。生物原生质的特性让整个生命世界成了亲属；如果我们确切地知道众多穴居动物失明或眼睛发育不全的原因，对离我们较近的一些黑暗里的居民，我们的思考应该会更加清晰。那我们就带着同情来谈谈洞穴失明，谈谈这个概念最近对进化问题所做的显著贡献。干燥的洞穴从来只有临时的住户，潮湿的洞穴里却藏着很多生物——从蟏蛸到鼠妇，它们严格说来是以洞为家的。穴居者的数量比名义上的更多，因为不考虑众多的蝙蝠和少数特别的老鼠——它们在洞穴里休息，但夜间到洞外进食，对两个黑暗的世界都加以充分利用——我们发现，大部分穴栖动物群是相当虚弱的。在穴居动物中，能让我们联想到亚杜兰^①亡命徒的类型实在寥寥无几；它们大多数都有某种体质虚弱或落后于时代所造成的生理缺陷。有些是冰河时代动物群的孑遗种。最类似的是某些腼腆的"隐生"动物，躲在石头和树皮下，极少抛头露面。真正的穴居者或多或少地适应了永久的环境因素——黑暗、恒温、湿气，以及绿色植物的缺乏。它们包括（除了蝙蝠和老鼠）在卡尔尼奥拉和达尔马提亚大型洞穴里古怪的洞螈、三四种北美蟏蛸、相当多的小鱼、一些蜗牛、大量的甲虫和少量其他种类的昆虫、许多蜘蛛（到处潜行）和一些甲壳纲动物，再就是那些没什么说头的动物了。在做了各种各样的保留之后，我们认识到，有露天亲戚的穴居动物与之相比往往矮小、单色或缺乏色彩，有精致发达的触觉，有或多或少的已经退化的眼

---

① 亚杜兰位于伯利恒与迦特之间，当地有大小不一的洞穴。《撒母耳记》说，大卫逃避扫罗的追捕时，曾躲在洞中匿居，家属和数百穷人因走投无路，也聚集于此。——译注

睛。我们希望关注的正是这种失明的趋向。

穴居动物的眼睛所表现出的退化程度有相当大的差异，但不受影响的几乎没有。苍白的洞螈皮肤没有色素，眼睛没有晶体，也没有长在头部表面。这让我们想到了深海盲鳗藏在皮下的眼睛，也让我们想到了开普金毛鼹（Cape Golden Mole）的眼睑闭合的方式[1]。几乎完全失明的例子里，有一种北美洲的洞穴癞蛄、一种卡尔尼奥拉的洞穴虾，以及其他一些甲壳纲动物。在某些洞甲虫中，退化不仅影响了眼睛，而且影响了视神经节。洞穴鱼类有特殊的意义，因为它们表现出了所有等级的视力退化，直至完全失明。此外，其中一些鱼的眼睛在幼年期的退化程度比成年期低——除了鱼类，在其他一些种属中也已经观察到了这种情况。这表明，有别于种群退化，可能也存在着个体退化的过程。

穴居动物的"失明"是生活于黑暗并长期失用所累积的遗传结果，这一古老的理论无疑有其"自然性"。所以我们不能忽视这样一个事实：一些失明的动物有些关系非常近的亲戚生活在日光下，眼睛发育完好。举个类似的例子，讲的是深水和浅水：多弗莱因（Doflein）[2]在日本的相模湾发现了一种小螃蟹的两个变种，一个变种生活在深水区的黑暗里，眼睛大大地退化了，另一个变种生活在浅水区，眼睛发育完好。这一案例有个很有意思的特点是，深水中近乎失明的母蟹携带的幼体长有深色的眼睛，表现出所有主要的部分。这就再次指向了如下结论：黑暗可能在个体的一生中阻碍眼睛的发育。换句话说，在某些情况下，退化有可能是强加给每一代个体的，是养育的特性使然，而不是遗传性质的结果。

当然，这个问题可以交给实验，而且已经得出了一些数据。例如，奥格涅夫（Ogneff）把金鱼放入绝对黑暗的环境，饲养了三年，让它们

---

① 开普金毛鼹的眼睛退化了，眼睑早与皮肤融为一体，这层"眼皮"也越来越厚。——译注
② 应指弗朗茨·特奥多尔·多弗莱因（一八七三年至一九二四年），德国动物学家。——译注

有足够的空间和充足的食物。结果是金鱼完全失明，连视网膜杆和视锥细胞都消失了。那么我们可以设想，如果有些金鱼被水冲进了洞穴，就有可能失明。它们后代的眼睛也很可能（应该试一试）出现更大的退化，因为它们从一出生就暴露在黑暗里了。如果眼睛的退化在第二代之后继续加强（这也应该做个实验），那么就会有一个案例来支持如下的理论：个体获得的变异可能在某种程度上成为遗传的一部分。但这方面的证据目前还没有出现，奥格涅夫的实验应该由其他实验者在其他鱼身上重复进行。

　　一个非常有启发意义的事实是，穴居洞螈的皮肤是没有任何色素的，一旦把它放到光线下，它的皮肤就会迅速变成斑点状，再变成深色。它的反应就像照相底板一样。在光线下产的卵则发育成深色的后代。在非自然的环境里没发现身体上的表现，就臆断人家没有潜能，真是愚钝啊！

　　但是，在动物个体的一生中，洞穴里的黑暗和食物的匮乏，会对眼睛的发育产生某种影响的可能性固然无法排除，我们却相信这只是个次要问题。例如，我们必须记住，哺乳动物的生命是在完全黑暗的环境中开始的，常常还要在黑暗里住上好几个月——大象要一年以上[1]。可这对眼睛的发育没有任何不利的影响。不久前，雅克·勒布教授做了一个简单的实验，将一种类似鲹鱼［鳉鱼属（Fundulus）的一种］的胚胎放在一个绝对黑暗的房间里饲养，但过了一个月，没有观察到失明的迹象。这一结果更有趣了，因为正如我们将要看到的，就这种鱼而言，通过实验方法很容易产生失明的胚胎。可是黑暗不灵！还有许多困难阻碍着这一理论（达尔文倒是接受了）：洞穴失明是眼睛退化的遗传性结果，伴随着失用和黑暗环境而发生。艾根曼（Eigenmann）[2]教授对洞

------

① 大象的孕期长达二十二个月。——译注

② 卡尔·亨利·艾根曼（一八六三年至一九二七年），德国出生的美国鱼类学家。——译注

穴失明做过专门研究，他认为，在黑暗中生活至少会增加视力退化的倾向，但有一个难点他提醒我们注意：惯常生活在北美洞穴的四种蝾螈当中，有两种眼睛大为退化，两种眼睛正常。可是能蘸母鹅肉的酱也能蘸公鹅肉呀①。有些穴居动物的眼睛是正常的，而少数露天生活的动物，如名叫盲鰕虎（Typhlogobius）的海岸鱼，则是瞎子。

另一种理论是什么呢？简单地说就是，失明的产生是一种生殖变异或突变，适应着穴居生活。因为一个无用的器官就是一处弱点。根据这种观点，可以毫无困难地认为，在露天环境中，眼睛的退化实属稀有，因为明显不利的变异往往会被淘汰。困难之处在于，要找到事实来证明以下看法所言不虚：凭着某种合理性的表现，就可以推测失明性变异的发生。勒布最近的工作就是致力于此。作为洛克菲勒研究所杰出的实验者，他发现，一是通过不当杂交，二是往水里加一点氰化钾，三是将发育中的卵子暴露在非常低的温度下，就很容易产生一定比例的眼睛有缺陷的鱼胚（鳉鱼属）。这并不是说失明穴居动物的祖代因为两亲本错配、中毒或严寒就会失明；实验显示的是，相对轻微的外部变化有可能改变配子的构成，从而导致趋向失明的跳跃。因此，在我们关于洞穴失明起源的理论中，对可遗传的生殖细胞突变，我们虽然不能明确做出解释，也可以假定它确有其事，并以此作为研究的起点，这种做法无可厚非。基于这种观点，失明的趋势是独立产生的，无关光的存在与否，勒布也在人类的遗传性失明中找到了可以类比的病症，叫作青光眼，它与视神经的萎缩有关。

如果趋向失明的变异早已在洞穴内部发生，那么，如果生物有其他的适应方式，就有可能会出现一个盲族。但如果这些变异是露天发生的呢？那么答案的前半部分是：除非它们采取隐生的生活方式，否则很快就会灭绝，因为有眼族里的失明成员在寻找食物和配偶的过程中会遇到

① 英人习语，指在一种情况下合适的做法在另一种情况下也同样合适。——译注

严重的障碍。答案的后半部分是，露天产生的失明变种经常有机会找到路径，进入洞穴庇护所，到了洞里，失明便不是劣势了。关于这一点，艾根曼的观察就非常有意思了，他发现，穴居动物在露天世界的亲属从体质上来说是避光的（即负向光的），而且有与固体保持接触（即正向实体性）的习惯。因此，如果趋向失明的变异不改变体质的话，变种就会有移入洞穴的倾向。

这些体质上的癖性或许关系重大，但我们无法相信它们可以详尽地解释一切，因为我们在周围的生物界看到的，统统是一种行为的例证，这种行为代表着对安乐的竭力追求。就算是失明的变种也会继续验证一切，如果它抵达了洞穴，就会在那儿坚守。在它自动排除掉相对不适合的地点时，环境确实在隐喻的意义上选择了生物体，但相关的事实是，生物体好像常常会认认真真地选择自己的环境。一个视力健全的动物被冲进洞穴后会试图脱身，同样，一个身为露天变种的失明动物也可能会积极地摸索，主动进洞。

三十三　进化中的趋同

在深海的黑暗里，有些鱼的眼睛已经萎缩到了消失的地步。它们靠着精微的触觉器官，在海底摸索着寻路。还有些鱼类生活在深深的海底，眼睛却非常大，有理由认为，它们能从深海的"磷光"动物发出的微弱光线中获益。在一些来自深海的鱼类身上，还可以看到第三种情况，这些鱼的眼睛拉长成了圆筒，像观剧用的小型双筒望远镜一样凸出在头顶。这种眼睛叫"望远镜眼"，能够充分利用微弱的光线，晶状体相对较大，与用于成像的视网膜表面之间的距离也比通常大得多。在猫头鹰的眼睛里也能看到同样的情况，尽管它们凸出的方式不同。为简洁起见，猫头鹰和两三个类似的例子我们暂且按下不表，单把注意力集中在这样一个事实：某些深海鱼类的望远镜眼与一些深海墨鱼的望远镜眼非常相似，尽管墨鱼是软体动物。这正是所谓趋同现象的一个例证，即在两组亲缘关系甚远的动物中，面对同样的环境，发生了同样的适应性变化。鱼和墨鱼的进化路线完全不同；此外，在这两种情况下，眼睛的单独发育也是完全不同的，但两者都可能长出望远镜眼。魏斯曼给趋同下的定义是："在相互之间没有系谱关系的动物形态中，对相同环境产生的相同的适应性变化。"而除了鱼和头足动物无关之外，他还指出，不能把长着望远镜眼的鱼类看成实现了这一显著适应性变化的一个单祖先种的后代。相反，即使在鱼类中，望远镜眼似乎也是多次独立产生的。同样可以注意到，起滑翔作用的胸鳍，其适应性变化一定是在两组不同的鱼类中独立发生的，肌肉组织特化为发电器官的过程也一定是独立发生的，至少有两次，也就是说，一次发生于电鳐属，另一次发生于电鳗属，而非洲鲇鱼的发电器官走了另一条路，特化的是腺组织。与

"趋同"几无二致的是"同塑"一词，雷·兰克斯特爵士用它来形容系谱殊异的种属在形态上的相似性。若想思维清晰，重要的是要把趋同或同塑性相似与同源性区分开来，后者指的是在基本构造和发育模式上的同一性，而且总是血缘关系的一种指征，无论这种关系是远还是近。关于趋同，阿瑟·威利（Arthur Willey）①教授的雄文《进化中的趋同》（Convergence in Evolution，一九一一年）是仅有的一篇能够方便读到的探讨文章，我们从中摘取了几个例子。

最怪异的鱼类是海马（Hippocampus），经常能在水族馆看到。它用一条可以缠卷的尾巴，把自己钩在或撑在海草上，这尾巴动起来是背腹向的，而不是像其他鱼类那样侧向运动。它背上有一片不成对的、快速振动的鳍，还有一个特异性，就是它的两只大眼睛能互不相干地单独转动。奇怪之处在于，变色龙与之相距甚远，是一种奇异的树栖蜥蜴，却表现出和海马一样、甚至更善于缠卷的尾巴，眼睛也同样能单独转动。但是，正如威利教授所指出的那样，海龙与海马有关系，但没有可以缠卷的尾巴，却也表现出单独转动的眼睛。因此，在可以分别活动的眼睛和可以缠卷的尾巴之间所存在的关联，多半只是巧合罢了。眼球活动的意义，与海马和变色龙同样的迟钝习性和身体相对的不灵活有关。

再举一个例子。除北美负鼠和鼩负鼠之外，现存所有的有袋类动物（有类目哺乳动物）都是澳大拉西亚的土著，它们的祖先由于地质变化被隔绝在那儿，因此只能脱离开其他哺乳动物，自行进化。现在乍一看，好像颇为引人注目的是，在时间的长河里，相对于某几个目的高等哺乳动物，有袋类动物已经开始呈现出表现上的重复。袋狼趋同于真正的狼，缟食蚁兽趋同于真正的食蚁兽，袋鼩趋同于鼩鼠，蹼足负鼠趋同于水獭，袋狸趋同于鼠，袋鼹趋同于真正的鼹鼠，凡此种种。这种平行进化非常有趣，因为有袋动物与胎盘哺乳动物演化的路线不一样；听到

---

① 阿瑟·威利（一八六七年至一九四二年），英国和加拿大动物学家，麦吉尔大学教授。——译注

这儿，你也许要对此过分重视了。但必须记住，哺乳动物能得到的不同种类的生境和不同的谋生方式并不多，因此大自然几乎必定会重复自己的选择。同样不足为奇的是，中生代应该有陆栖、水生和空中的爬行动物，就像今天有陆栖、水生和空中的哺乳动物一样。啮齿目动物和食虫动物之间出现了一些很好的趋同案例，如老鼠和鼩鼱之间，豪猪和刺猬之间，松鼠和树鼩之间；但我们已经给出了足够的例证。最令人兴奋的顶点可以在不相关种属的"拟态"中找到，但这个问题最好分开，因为表面性的相似自有其生存价值，也许是自然选择的直接结果。

柏格森教授在所著《创造进化论》（Creative Evolution）一书中，相当详细地讨论了扇贝的眼睛和脊椎动物的眼睛之间的相似，并指出了根据意外变异的选择来解释这种相似时遇到的困难，因为这些变异不是难以察觉，就是次数极多，或是出于内部力量和外部力量的相互作用，或是出于用进废退。对这些理论，他不否认每一种都可能"各有其真"，但认为有必要用一种共同的"原发冲动"（original impetus）观念来加以补充，并称之为可遗传变异的根本原因。但不幸的是，柏格森教授夸大了脊椎动物的眼睛和扇贝的眼睛之间的相似；除了"视网膜倒转"之外，它们几乎没有共同点。此外，扇贝的众多眼睛可能根本不是严格意义上的眼睛。我们认为柏格森教授并没有公平地对待达尔文主义——甚至正统达尔文主义——立场的精妙，没有公平地对待至少使新达尔文主义者免于在"意外"变异的信念里坐井观天的事实，也没有公平地对待生物体作为一个真正的使然力，在参照它参与选择的环境条件来检验其生殖细胞变异时所起的作用。但我们认为，在对趋同的解释并非完全一帆风顺这一点上，他的想法是对的。

如果玩牌的时间足够长，你就会重复打出同一手牌，如果某一类型的结构是唯一适应某些环境的，或远比其他任何类型的结构都要适合，我们就可以从理论上假设，随着时间的流逝，这种结构终将通过对变异的选择，沿着两条或更多不同的路线得以实现。然而在某些情况下，认为实现了的结构类型是唯一可能的解决方法，或者说是到目前为止最好、最容易的解决方法，也只是一种假设。此外，在这两种情况下，当单独演进的模式完全不同时，当相似性包括极其微小的细节时，用达尔文主义解释的难度就会有所增加。穴居两栖动物、穴居蜥蜴和穴居蛇之间惊人的表面相似性——基础动物学学生熟悉的测验题——是很容易理解的，因为蠕虫的身形是唯一可能的身形；但说到不相关的鱼类和墨鱼的望远镜眼时，会不会就有困难了呢？对这个问题，一般的想法是一样的，尽管在细节上和说到具体的演进时还是有明显的不同。

不相关的种属实现了非常相似的适应性变化，对此，一些爱动脑筋的进化论学生[①]看不出有什么特别的、猜不透的难题。但是，面对难题，有些血肉之躯彼此迥异的动物常常能找到同样的解决方案，现有的生物学对此的解释，却不能让我们十分满意或非常有信心，因此，我们要提出三条意见。（一）生长和分化也许是符合建筑学规律的，我们对此还只是管中窥豹。例如，在贝壳和角、肠和耳蜗里，等角螺线非常频繁地重复出现——也许反映出了一种深层的生长需要。（二）很多器官乍一看颇为复杂，比如胰腺或胰脏，都是由同样的、很小的结构单元不断重复组成，而它们又是由细胞群等组成的。有些结构单元非常明确，或许已经形成了共同遗产的一部分，由一个以上的动物大系列共享，有时获得显著的表达，有时又落得个无足轻重，但从未在种群的血脉里消失。例如，很有可能的是，大多数鱼类感觉侧线的结构单位，确实与某些叫作小头虫（Capitellids）的海洋蠕虫的侧线感觉器官相同。"在这两种动物身上，"威利教授写道，"基本器官都是由小而坚实的圆形表皮芽组成的，上面较硬的感觉毛也可以自由地探入周围的空间；其相似性则因为分节排列而得到进一步的增强。相似程度大得不能再大，趋同

---

① 乔治·胡卡姆先生在一九一七年一月六日《新政治家》（The New Statesman）周刊第三二五页所刊信文中对此有清晰的讨论。——原注

关系近得不能再近，同源关系则不能比无限远更远了。"然而，也许我们在这儿面对的不是自然界的自我重复，而是一种清晰的结构单元——又叫"定型个体"（morphon）——保守的持久存在。（三）所有艺术都受制于媒介，生物进化也不例外。我们决不能以为动物在其形态发生的猜想上拥有全权。获得受制于已有，无米难倒巧妇，就像建筑师给房屋加建时，要受到现有风格的限制一样。飞鸟在细处上相互的差异很大，但终究要限定在一个相对狭窄的范围之内。可以说，任何突变都是不能考虑的，否则就有失去飞行秘技之虞。顺着这个思路，我们或许会看到照在趋同现象上的另一道微光。对理论上的生物体而言，在现有的方案之外采用其他解决之道是有可能的，但对各种各样特定的生物体来说就不可行了，因为它们必须在遗传组织的种种桎梏中运行。为什么我们知道的所有普通哺乳动物都限于四条腿呢？腊肠犬常常看上去好像蛮可以在身子大约一半的地方再加两条腿，老母猪同样如此——这也是一种得益于人工的动物。然而，多加两条腿的建议根本没戏，因为高等脊椎动物在遗传上最多只能有两对肢芽，就像它们最多大概只能有十二对颅神经一样，神经的增加想必更容易实现。可有趣的是把这问题硬拉回来，问问为什么某些低等脊椎动物，特别是鱼类，没有尝试过增加一对肢体的实验呢。在所有的可能性中，答案其实很简单：成对的肢体是在鱼类的层面上确立的，主要功能关乎平衡，而不是运动，而几乎所有鱼类的运动器官都是所谓的尾巴。这样一来，为了平衡的目的，就要在一对和两对之间进行选择。第三对平衡工具的进化，必将意味着相关功能问题的增加，在效率上却得不到任何相应的优势。约翰·伯勒斯说过，如果我们能睁开一双又一双眼睛，从而看到更多大自然的奇迹，那必定大有收获。也许我们应该少看一些，因为把看到的印象都关联起来，将带来难以克服的困难。值得注意的是，那些眼目众多的无脊椎动物视力却很差，长在某些脊椎动物头顶、不成对、居中、视线朝上的松果眼，到了等级更高的动物身上，并没有作为眼睛得到保留。如此看来，出于生长的需要，由清晰的、持久存在的结构单元和先存在的组织所施加的限制，可能会对趋同的事实提供某些额外的启示。

三十四　后天的活力重不重要？

在平时的谈话中，我们常常听到一种名叫活力的神秘品质，却很少有人要问一问它到底是什么意思。它显然是某种比力量更重要的东西，因为五大三粗的人往往没有活力；它是某种比健康更重要的东西，因为一头百岁的海葵说不上有活力。这种品质似乎意味着生龙活虎的能力，却没有任何出于平衡的损失；一种挥霍力量的力量，却不因此中止大量的储备；一种对抗紧张和蔑视疲劳的能力。它意味着随时准备着拼搏，却又有持久的力量。它必须在一定程度上依赖身体各种功能的和谐调整，包括内分泌，以及保证身心或心身机器正常运转、免于堵塞或生锈的功能。也许它完美地体现出了生物——与无生命系统相反——具备与热力学第二定律周旋的特性——至少可以延缓能量在转化过程中进入不能做功状态的趋势。我们之所以纠结于这个流行的活力概念，并不是因为确信自己知道活力到底是什么，而是因为我们相信，它的含义比最近一部颇具趣味的著作《活力与遗传》（*Vigor and Heredity*）[1]所表明的要多。作者刘易斯·邦霍特（J. Lewis Bonhote）先生以经验丰富的鸟类学家而闻名，据他所说，活力可以定义为"营养和功能的活动力"或"新陈代谢率"。它不像热，而是像温度；它需要用些形容词来修饰，"高活力"或是"低活力"，它是新陈代谢率。而"新陈代谢"只是个方便的总称，指的是在活体内部进行的多种复杂的化学过程，有些具有建设性的、合成的、建立或吸收的性质（合成代谢），另一些则具有破坏性的、分解的、拆散或异化的性质（分解代谢）。但这是个非常宽泛

---

[1] 《活力与遗传》，刘易斯·邦霍特著，韦斯特纽曼公司，一九一五年。——译注

的术语，包括了太多的过程，所以"新陈代谢率"并没有太多的意义。两种生物可能每小时的化学处理次数相同，可它们从生理学角度看，并没有什么共同之处，就像两家商店，一天里可能有相同的销售次数，却谈不上有什么商业上的共同点。同样，如果我们用消耗的氧气量，或释放的二氧化碳量，或散出的热量，来衡量一天内各种类型的新陈代谢量，那么，仅仅是一些生物每天或每小时的新陈代谢量是相等的这一事实，似乎说明不了什么。我们希望知道每种新陈代谢的性质，因为新陈代谢主要涉及的是蛋白质还是碳水化合物，并不是一个无所谓的问题。再者说，某一种动物，如蝼，要是在欢快的一个小时里过一段内容丰富的生活，便有可能经历剧烈的新陈代谢，然后度过代谢缓慢的二十三个小时，而它一天的总代谢量仍然和另一种生物相当，比如新陈代谢总是很缓慢的变形虫。邦霍特先生或其他任何人都可以用"活力"一词来称呼"新陈代谢率"，但我们认为意义不大，除非新陈代谢的性质得到界定。重要的不仅仅是"步调"，而是步伐的方向。新陈代谢中有多少是合成代谢，多少是分解代谢；有多少是增加了生命物质的营运资本，又有多少是只能在特定条件下实现的储备存量的积累？必须要面对这些以及很多类似的问题，然后我们才能同意把新陈代谢率叫作活力。

《活力与遗传》的作者一辈子都在观察动物，用大鼠和小鼠、猫和狗、鸽子和家禽做了十五年的育种实验，得到了一些相当明确的结果——很值得深思的东西，因此可以宣称，亲本繁殖时的生理状况会影响下一代。这并不是说，一对顽固、迟钝、强悍、控制力强的父母很可能按照自己的形象生下孩子，或是一对怠惰、敏感、软弱、玩世不恭的父母很可能生出同一类型的小孩，因为这只是得到普遍接受的理论，即先天的基本性格是代代相传的。虎父无犬子；荆棘上摘不来葡萄，蒺藜里也摘不来无花果。但邦霍特先生所指是不一样的，也值得商榷。

他的论点是这样的：环境条件（包括食物、温度、湿度等）的变化或其特殊性，对易感生物的生理状态有影响。与"培育"的变化或特殊性相对应的，往往还有新陈代谢的内部变化。这一点为所有的生物学家所承认。但新陈代谢的特性若在亲代时被环境改变过，是否会在生殖细胞上发生反应，并以某种方式对它们产生影响，从而使它们的发育，也就是遗传表达，与亲代体质不曾受到培育改变影响时的情况有所不同呢？用出自本书作者而我们不能接受的术语来说就是，亲本活力的改变，有可能影响生殖细胞的初始活力，以及特定遗传项目的发育活力。作者承认，为支持这一观点而提出的证据是间接的。在作为饲养者所获得的经验中，邦霍特先生对自己的很多结果感到困惑。他无法用孟德尔理论、高尔顿理论或其他任何学说做出解释，却发现可用下面这种理论加以理解：亲本在繁殖时的生理状况可能影响生殖细胞及其发育。亲本的低活力往往对应着虚弱的子代，高活力则有利于种群的稳定。但是，我们需要用审慎的、充满怀疑眼光的评判，来看待所有指向以下结论的证据：亲本在生育时的体质活力，或生命力，或健康状况，确实对子代的发育有重要意义。这是个重大的问题，不能用见仁见智或道听途说的证据来回答，就算参照了特定的观察也不行，例如常常有人注意到，一个有几分残疾、疲惫不堪的父亲与他虚弱的孩子之间的关系。对哺乳动物而言，由于母亲和子代之间亲密的共生期通常较长，问题就变得复杂了，在此期间，如果母亲的新陈代谢出现了重大变化，而子代的发育没有受到干扰，那就太奇怪了。这种干扰之所以不那么明显，主要是因为灵活的适应性，让幼小的生命免受伤害。

有一个问题邦霍特先生不太关心，那就是功能和环境的特殊性或变化对个体所造成的获得性身体改变有可能向下遗传的问题；他的中心思想是，亲本在尽亲本之职时的生理状态是可以影响子代的。已有大量的实验证据表明，在生殖细胞和早期胚胎的阶段，化学和物理条件的轻微变化，确有可能会对发育造成深远的影响。在以前不曾注意的程度上，需要适当的、解放性的刺激，才能让各种器官、各种特质的原基得到释放。有解放因子，也就有抑制因子。某种魔药加上一滴，胚胎就会失明，加上另一种，胚胎就长不出食管。还必须记住，这在很大程度上取决于发育的速度。在这儿加速，在那儿减速，就有可能造成巨大的变化。关于这一点，我们的作者如果有心，也许就会发现，他对"新陈代谢率"的强调是有一定道理的。

为了更清晰地表述邦霍特先生的观点，我们必须强调，他所关注的结论，并不仅仅是培育在个体遗传机能的发育或表达中起了很大的作用；他认为培育可以回溯到更早以前。毋庸置疑，适当的食物、温度和湿度等条件放到一起，可以提高亲本生物的活力；他猜想，这一点反映在子代初始活力的增加上。邦霍特先生对这种理论充满了热情——尽管它未经证实——并期待着培育的重要性受到承认，且对人类产生深远影响的那一天。"一旦认识到性状在很大程度上可被环境消除，那么如果能尽早加以应用，我们的视野里就会出现远远多于孟德尔的实际工作所提供的可能性。"在很多人看来，这种话实在太外行了，所以我们还是不要再继续引用为妙。从我们的观点来看，把"自然"和"培育"这两个相互关联的概念对立起来，是没有一丁点好处的。我们认为，任何培育，但凡有助于增进本文开篇所言的那种活力，都必须是渐进的，也不能过早开始，因为它本身是一种单独的奖赏，绝不存在影响子代的偶然性。

通过实验，我们已经知道，亲本生物体内的生殖细胞通常会因各种物质，如镭或酒精的影响而恶化。可我们也知道，企图证明从轮虫到人类，甚至从豚鼠到人类，从科学上来说都是危险的。不过可以肯定的是，在产前与自己的小孩共生期间，母亲的活力确有深远的意义。

三十五　不可见的目标

一艘快速移动的战舰在很多公里之外——肉眼看不到牺牲品——击沉另一艘战舰，似乎是一项非凡的成就，同样也是在直接观察范围之外命中目标的功绩。对这种凶猛的火炮射击学问题，我们一窍不通；我们关心的东西似乎还要难以理解——动物常常为了一个看不见的目标，坚持不懈地辛勤劳作。

举个典型的例子：许多泥蜂在地上挖洞，在洞里产卵，也收集了一批麻痹的昆虫——未来幼虫的活体食品库。但只在少数物种当中，勤劳的母亲才能活下来看到自己的后代。于是难题出现了：这种精密的本能行为是怎样演变而成的？我们看到的是一系列错综复杂、坚持不懈的灵巧举动：刺伤牺牲者，让它瘫痪，但又不至于把它变成一具即将腐烂的尸体；把战利品运进洞穴——往往需要付出巨大的努力；把卵和食物精心地摆放在一起；排除可能的入侵者；凡此种种，不一而足。这不是简单的把戏，而是一整套技巧。其先后顺序在我们这些看到结局的人眼里很容易理解，可这一连串的事项——常常需要费心费力——对履行者有什么意义吗？如果没有意义，那么它是怎样演变的，为什么还要坚持下去？如果它有意义，那么如果履行者看不到自己的劳动成果，这种意义又从何而来呢？

一些思考过这一问题的人提到，有的人殚精竭虑所取得的成就，恰恰是在他们那个年月和他们那一代人里还得不到认可的。但这种类比对我们没什么帮助，因为布尔戈斯大教堂[①]、大规模的植树造林，或中国

[①] 布尔戈斯大教堂位于西班牙北部的布尔戈斯，始建于一二二一年，一五六七年才告完工。——译注

百科全书，都是作为一种理想，先在人类劳动者的头脑里完成的，是靠着经验中此前已经实现的各种要素建立起来的。但泥蜂没有任何涉及后代的经验。据说河狸有时会开凿运河，作为穿越溪流中间孤洲的捷径，以缩短"原木"运输的距离，而这样的任务必然要求工人长时间投入精力，才能有所收获，因为运河在两端打通之前，并不能证明自己的价值。可这种情况的神秘之处，还不能与我们的昆虫相提并论，因为开凿孤洲运河不过是一种有趣的延伸，其出发点是那种在海狸的日常生活中能找到直接理由的劳动。

某些工蚁和工蜂提供的母性护理，可以让我们找到上述谜题的部分答案。它们通常是不生产的雌性。它们把幼虫当成自己的孩子来养，对此我们可以用自然的猜测来解释：这种能力可以回溯到所有雌性通常都是母亲的时候，那时还没有建立起有明显分工的集体生活。我们可以记住，可育的工蚁或工蜂偶尔也会出现，也可以培育成蚁后或蜂后。我们不能认为工蚁或工蜂只是简单地从母亲——蚁后或蜂后——身上继承了护理能力，因为它并没有表现出所需的品质，而是专事于纯粹的母职。我们必须回溯更远。支持我们论点的另一个例证，可以在一个大为不同的范本——欧洲布谷鸟身上找到。母鸟会用一种复杂精细的方式，来确保它自己也不熟悉的子代成功。它把蛋产在地上，衔在嘴里，带着它飞到树篱下，把它放进选定的养父母的巢里，这样就命中了一个看不见的目标。其他种类的布谷鸟也不尽完美地表现出对母亲责任的逃避，这让我们相信，对别家的鸟巢和养父母的利用，是从布谷鸟自行抚育幼鸟的状态逐渐演变而来的。对于没有筑巢或育雏经验的布谷鸟母亲来说，蛋有着重要的意义，因为它属于一个曾经奉孵蛋为准则的种族。同样，泥蜂表现出精细的亲代抚育，确保从未见过的幼虫安全、成功，这样做是因为它属于一个种族，很久以前的规则就是养育幼虫，也许还会享受它们的陪伴。生物所服从的内心声音是远古的回声。

当我们试图想象一个出于本能的例行程序是怎样建立起来的时候，

很自然会想到动物煞费苦心，一步接着一步，一代接着一代，不断刻意引入小小的改进，直到它们的行为像专利发明那样，变得异常完美。我们自然会这样来想象这一过程，因为我们就是这样对自己的行为做出改进的。虽然我们不否认，小脑本能型的动物有可能通过个体的改进来改善自身的行为，或多或少也算聪明的，但我们无法相信，本能行为就是以这种方式建立起来的。的确，谁会武断地认为，个体经验不可能影响种族的遗传，或是给"胎儿期生活神秘的无线电报"设限呢？但是，本能行为似乎不可能以任何直接的方式归因于个体所做实验结果的遗传。例如，一个非常有效的行为往往在一生中只履行一次，这就没给可遗传的印刻作用留下很多的机会。还有，这种行为往往与新生命的起源有关，在子代出现之前无法被动物视为合情合理，因此只能在拥有一组以上子代的动物身上，才能传递实验成功的有机证明。很多像昆虫这样的动物都是一年生的，繁育后便会死亡。就算不关闭各种所谓"记忆"理论的大门，它们所造成的困难，也会迫使我们转向关于建立种族本能常规的另一种主要理论。根据这种观点，重大的步骤是在种质黑暗的工作室里进行的。生殖细胞，一个与其说是袖珍模型而不如说是微观世界的有机体，是真正的发明者，是创造性的天才。也许我们对显性的个体想得太多，对隐性的个体——生殖细胞想得又太少了。我们必须记住，不能把它看成白细胞那样的东西，而应该看成一个多变的微生物，已经有了几百万年的生命史，一直在进行实验，并获得了重复成功结果的能力。它亦有能力在每个新生命开始时，通过自我表达，把它自己的实验纳入另一个生殖细胞的实验。生殖细胞是有机体王国里的盲艺人，不断创造出某种既新且幼的复杂性，并在某些新奇的结构或习性中找到表达。基于这种观点，可以把个体——通过它，生殖细胞的许多发明得以表达、体现和发挥——当成看得见的艺术家，它把生殖细胞的工作看在眼里，要么根据它带来的成功，宣布它是好的，要么通过与它一起灭绝，对它施以立竿见影的诅咒。有的变异会杀害，是病态的——生殖细胞艺术家并不总是那么明智——有的变异则起到充实提高的作用，带来进步。

有四种例外是可以允许的。首先，我们一定不要用木讷或片面的方式来看待生殖细胞的微观个体性。我们无法想象它是怎样在针头大的世界里，把时间长河中的诸多结果、历朝历代的各种宝藏统合为一体的；但它就是这样。我们不明白它是怎样做到不只是原生质，而且也是半神的；但它就是这样。其次，我们一定不要夸大理解微观个体如何能够做实验的难度，从物质上看，这些实验也就是分子的排列组合，与宏观个体将在其中生活与劳作的外部世界有相关性。这就好比在生殖细胞的内部有一个架构——可以想象成一种观念——代表了遗传组织，并经受住了时间的考验。这样一来，在这个架构中可以获利的变化，就必须或多或少，与已经确立的风格保持一致，就像我们的思想实验，如果要成功和生存，就必须符合已经确立的思想体系。因此，生殖细胞的主动性，虽然有时是傻瓜式的实验，却很少有偶然的成分。

盲射手弯弓的方向在某种程度上是由过去决定的，因此其结果有一种先见之明的虚幻意味，在为它辩护时，我们也丝毫没有低估看得见的艺术家的作用，这显而易见的个体，拥有一切应该拥有的智慧，一个本能的、聪明的或理性的代理人，在比生殖细胞更高的水平上，有着无穷的实验能力。但我们的论题是要表明，尤其是在生命的低级阶段，经常得分的还是盲射手。最后一点是这样的：虽然我们试图在个体面前证明物种方式合理的做法可能是错误的，但除非对个体的利益和满足提供哪怕小小的安慰，否则一种复杂精细的本能常规似乎不太可能在漫长的岁月里保持刀枪不入的惯性。因此，正如歌德所言，大自然从爱情的大杯里倒出几口美酒，作为对一生痛苦的补偿，而对那些为子代的幸福耗尽一切，自己却无法活着看到它们的动物来说，亲代的本能可能以某种特殊的方式与婚姻关系联系在一起。在后一种情况下，动物的生命被激发了，下落到最深的深处，又上升到最高的高处。也许母性的牺牲和亲代对一个看不见的目标的努力，有可能在婚姻经验的余波中，甚或在这些余波唤醒的关于祖代的记忆中，也有几分个体上的意义。此外，由于压抑可能像表达一样得到强化，因此似乎颇有理由认为，工蚁和工蜂这样的动物可能会在它们慷慨的代母行为中，为自己的老处女身份找到某种补偿。除去各种猜测，对某些胡蜂（正如我们已经注意到的那样）和某些蚂蚁（正如惠勒教授最近所证明的那样）来说，现在已经确证了一个有趣的事实，那就是护士和母亲都有可能从它们喂养和照料的幼虫身上得到一种灵药，在美德的道路上，这种灵药似乎有着非凡的激励性，起到了鼓舞或奖励的作用。

三十六　在艺术的黎明之前

爱德华·赫伦-艾伦（Edward Heron-Allen）①先生最近在《伦敦皇家学会哲学汇刊》（一九一五年）上发表了一篇论文，针对某些有孔虫或白垩形成的动物，描述了它们壳的特性，并提出这样的理论：要是不用"智慧"这两个字，我们简直无法描述这些单细胞生物。我们无须死抠字眼，这位老练的观察者揭示出了一个重要的事实：这些相对简单的动物，有时会表现出一致的选择，把形成壳所用的材料据为己有，有时还会以一种极为有效的方式利用这些材料。大多数有孔虫造壳时用的是石灰，分泌在生命物质的表层，往往显出惊人的美感。大家都知道，有很多有孔虫高度参与了白垩崖的形成——古海床的沉积；今天也有很多，堆积成了大洋深处的有孔虫软泥。钙质壳常常颇为精美，能让你花上好几天，享受在你眼前展开的这道美的盛宴。轮子和螺旋、球体和锥体、扇子和喇叭、塔和穹顶——这些微体生物有千百个不同的种类，多么丰富的形态！一个有趣的特征是，某些形状会让人想到头足纲和腹足纲软体动物的壳。

一代又一代人早已熟悉了有孔虫的石灰壳，但没有谁能假装已经理解了。它们是由无器官的个体分泌的——只是分泌！——每一个分泌出"一滴原生质"，通过多变的细丝网流入水中。有些石灰盐是从海水里吸收的，它们通过原生质实验室，它们铺成半透明的大理石阿拉伯花饰。仅此而已！我们无法解释抱球虫（Globigerina）怎样造出它美丽的壳，就像我们无法解释夜莺怎样作成它的歌，或诗人怎样作出他的史诗

---

① 爱德华·赫伦-艾伦（一八六一年至一九四三年），博学的英国作家、科学家和波斯语学者。——译注

一样。说实话，我们的智慧还远远谈不上理解抱球虫的诗章。

但促使我们开始这场讨论的，并不是钙质壳，而是由外部颗粒构成的壳，这些颗粒是从周边环境里选出来的。赫伦-艾伦先生对所谓的砂有孔虫做了非常精彩的描述，一望即知，难题到了这儿就容易入手了，也就是说容易攻克——通过实验。赫伦-艾伦先生正是这样做的，我们相信，他有足够的耐心和手艺来设计这样的实验。就钙质壳而言，它所用的材料是看不见的，它的转变（如果有的话）也是看不见的，我们观察到的，只是在有孔虫原生质的透明介质中出现了一座可见的、有形的豪宅。但砂有孔虫使用可见的、现成的建筑材料，把它们做成外壳。这有时很美，更多的可能只是别致；重点在于材料的选择和有效的建造。首先来看选择：把一种特定的有孔虫放到数量极多、可供选择的替代品中间，它们无一留有完整的海绵骨针，就用它们制成透明的甲壳。对另一种有孔虫，则只用石英粒，第三种只用云母片。实验将告诉我们，对某种材料的颗粒化使用是专性的，还是兼性的？而过往的经验在细胞里留下的印记，是不是强烈到敏锐的丝足只对海绵骨针做出反应？有没有可能在缺少其他任何东西时，这种生物也会选择棘皮动物的碎片？有一种巧匠虫（Technitella）非常特别，它会拿棘皮动物的骨板给自己做甲壳，因为没有明确的口孔，便用丝足穿过板孔。同样有趣的是，有一种有孔虫只用完整的海绵骨针做壳，而另一种只用断裂的做壳！有人认为，当某一特定种类的有孔虫使用的都是同一种材料，因此比重相同时，它们将在软泥中处于同一平面。在某些情况下可能是这样的，但个体无法证明全部，它们用石英微粒造了大部分壳，但间或也用石榴石、磁铁矿的微粒，或许还有黄玉。

在塞尔西角（Selsey Bill）出海几公里的地方，有一处米克森灯塔岩。说到这里常见的一种有孔虫，赫伦-艾伦写道："这一物种的壳，大部分是以普通方式，由非常小的石英粒，加上亮白色或深锈色的胶结物（因此让壳有了非常独特的颜色）一起造成的，经常发现有些标本选择这些宝石材料相对较大的碎片来造壳，虽然连我都不敢说在有孔虫原生质的高级特性中包含了'美感'，但在我看来，在这一物种当中比例非常有限的一部分动物选择这些比重明显较大的颗粒是极其重要的。它提供了一个相似的选择实例，由生活在同一底层的不同物种，被相同的材料包围，完全针对完全不同的元素，对此，利斯特（Lister）①已经提请我们注意。"与石英粒的壳相比，我们可以提到串球虫（Reophax）的壳——一种脆弱的多房室管，由极小的云母片制成，在最边缘处由几丁质材料相连。动物活着的时候，这精致的外壳就像锁子甲一样柔韧。

赫伦-艾伦先生大胆地称为"智慧"的特质，在某些造壳者使用材料的有效方式中表现得更为突出。多年以前，卡农·诺曼（Canon Norman）就描述过巧匠虫怎样用小海绵针的碎段造壳，"按着有规则的顺序并排摆放，再用极细的石英粉做成的砂浆胶结，因此，甲壳通体是完美的雪白"。但一种巧匠虫壳的意外破损，向赫伦-艾伦先生及其娴熟的合作者厄兰德（Earland）先生揭示出一个更加惊人的事实。整个壳壁由两层不同的骨针构成，外层的长轴与甲壳的长轴平行，内层的长轴则与外层的长轴成直角，"与纺织品的经纬线极其类似，利用的却是海绵骨针这样刚硬的非弹性材料"。如果我们还记得这不是什么"有机结晶"，而是把无关的材料有选择地收集起来，以一种明确的、独特的有效方式加以排列的结果，就会感到我们正在接近艺术的黎明。显而易见，通过两层骨针的交叉，"甲壳的强度和耐力得到了极大的提高"。在某些情况下，使用骨针或许是保护性的，以阻挡微小的穴居蠕虫的攻击，因为长长的海绵骨针伸向各个方向，在壳口或造壳者的周身上下形成了一道有效的棘篱（*chevaux de frise*）。

另一个无意识技能的非凡实例，是在比现在要快乐的日子里

---

① 约瑟夫·利斯特（一八二七年至一九一二年），英国外科医生，用石炭酸溶液进行手术消毒技术的发明者。——译注

（一九一五年），厄兰德先生乘淘金者号，在北海挖到的一种砂球虫的壳。这种生物生活在非常多泥的海床上，用长海绵骨针（两到三毫米长）制成一个开放式框架或腔室的基柱，"然后用骨针碎段填充墙体的开放空间，碎段的长度经过了仔细选择，以便精确地填满将要形成甲壳壁的空间，终端棘手的三角形空当经常用截短的三轴骨针来填充"。这种生物生活在大致球形的房子里，长骨针的凸出端用作"双体船圆材"，在软泥的表层上支撑着整体。适应的奇迹并没有到此为止，因为我们读到，第二个个体，经常还有第三个，在造屋时，会利用邻居的建筑中伸出的骨针末端。两三个个体就用这种方式，通过各自的"双体船圆材"联结在了一起，但仍然是完全不同的生物体，"它们彼此之间唯一的联系是纯粹功利性的，这种联系提供了比单个个体所能达到的更大的软泥阻力"。如赫伦-艾伦先生所言，这就像初始的"社会本能"。我们当然有理由引用这些细节，因为这些发现是极其重要的，增加了我们对生物体的精妙可以达到何种程度的了解，哪怕是相对简单的单细胞表达。如前所述，这必然要仰赖不感情用事、抱持怀疑态度的实验（可喜的是，在人工条件下让有孔虫保持活力并不难），但目前看来，我们必须把我们在动物王国较高等级——包括造管虫、裁缝蟹、建巢蜂、蜷�蛛和织网蛛等，直至筑巢的鸟类——所熟悉的使用材料的某些技能也加诸原生动物了。就像我们有理性的技能、智慧的技能和本能的技能一样，也许我们也有这些有孔虫的有机技能，简单的个体自我掌控，共进共退，也许由此便觉得自己是一个整体了。在努力和冒险的关键时刻，意识首先发现了，而且仍然在发现它最简单的微弱表达，这样想并不奇怪。想想巧匠虫用它自己那种安静的方式对自己说"我也是个画家啊（Anch'io sono pittore）"[1]，也许要比声称可以用表面张力来描述它的灵巧更接近事实呢。对这些深层问题感兴趣的人，将饶有兴味地关注

---

[1] 传说是文艺复兴时期的画家柯勒乔在看到拉斐尔名画《西斯廷圣母》时所说。——译注

赫伦-艾伦先生和厄兰德先生的研究进展，以延续我们在此提供的一些预示。实在难以就此掩卷。例如，袋砂虫偶尔拆掉自己的房子，另造大屋，"对建房用的胶结物进行再溶解，以图从内部利用储备材料填隙来增加居室的大小"。万一读到这样的事例，怎能不觉得格外奇异！旋囊袋虫（*Marsipella spiralis*）把借用的海绵骨针按左旋排列，牢牢地嵌入胶结物，从而在邻种圆筒囊袋虫（*Marsipella cylindrica*）的壳上做出了改进，而后者的居室只是一条极其脆弱的长管子。这样的故事又怎能不让人深思！"看来圆筒囊袋虫世世代代都苦于这种极端的易碎性，而留给旋囊袋虫的是与发明绳索的史前天才一样的伟大发现——它已清楚地意识到，一根加捻纱要比一把未加捻的纤维来得结实。"这种在措辞上的拟人化实在有些夸大，但我们不妨把它当成故作惊人之语吧。克拉帕雷德（Claparède）和拉赫曼（Lachmann）[1]在一八五八年（《物种起源》出版时[2]）就撰文指出，所谓有孔虫复杂的壳可能是由"一团无定形也几乎无组织的胶冻"分泌出来的看法是"荒谬的"，"这种动物不可能只是一团原生质"。今人对原生质组织的复杂性已经有所了解，但我们，只代表我们自己，仍然会说："这种动物不可能只是一团原生质。"毫无疑问，它就是原生质，但我们称之为巧匠虫的微物也有另一面。它是一种心理—物理的个体。它在自我表达上的实验包括了对海绵骨针的巧妙处理，也印证了艺术黎明之前就已出现的有机技能。

---

① 勒内-爱德华·克拉帕雷德（一八三二年至一八七一年），瑞士解剖学家；约翰内斯·拉赫曼（一八三二年至一八六〇年），德国农植物学家。——译注

② 《物种起源》出版于一八五九年。——译注

三十七　人类的树栖学徒期

许多杰出的解剖学家认为，人类达到直立姿态是一个新纪元的开始，而且显示出，在地球上直立行走不仅影响手和脚，还会影响大脑和发声器官。通常设想的画面是"普通四足动物弯转四分之一圆周进入垂直面"，并要求我们思考"缓慢而痛苦地获得一种全新的姿态"。必须注意的是，二足行走已多次起源于巨大的爬行动物，如高大的禽龙（布鲁塞尔博物馆引人注目的招牌动物）、鸟类、袋鼠（如果它们不是三足动物的话）、沙漠里的跳鼠，以及其他喜欢冒险的种属。萨维尔·肯特（Saville Kent）①曾生动地描述过澳大利亚的一种大领子蜥蜴（伞蜥蜴），它用后腿站起，跟跟跄跄小跑几步，然后像学步的婴儿一样，扑通一下倒在地上。这种案例很有意思，因为它警告动物学家，不要对生物不能做什么过于肯定。一直都有对二足行走的反复尝试，虽然绝对谈不上快乐，但我们可以通过狗和熊的二足表演，见证这种进步的可能性。但二足行走是一回事，直立姿态又是另一回事。问题在于，是什么力量诱使人类及其亲属做出尝试并成功地加以保持？我们认为，伍德·琼斯（F. Wood Jones）②教授最近关于"树栖人"的杰出研究，以及法国动物学家安东尼（R. Anthony）博士早前同样杰出的研究，都给出了答案。

伍德·琼斯教授提出了一个非常令人信服的论点，即人类没有四足动物的祖先，而他所属的灵长目种群，从一开始就是二足的和树栖的，

---

① 威廉·萨维尔·肯特（一八四五年至一九〇八年），英国海洋生物学家。——译注

② 弗雷德里克·伍德·琼斯（一八七九年至一九五四年），英国博物学家、胚胎学家、解剖学家和人类学家。——译注

人类及其远亲的主要特质形成于漫长的树栖学徒期。当我们说到"从一开始"，我们指的是灵长目从未分化的有胎盘哺乳动物种群中分化出来，或是从二足树栖爬行动物种群中分化出来的时候。二足树栖爬行动物的代表，也许是一些已经灭绝的兽孔目动物。有趣的是，某些专家认为，鸟类也是由古代的树栖爬行动物演化而来的。这些系谱统统隐藏在迷雾里，但不应妨碍我们对远古树冠学校里可能学到的生物课的讨论。树栖生命在二足直立路线上（不是以树懒、蝙蝠的方式）的第一个大收获是手的解放。典型的四足动物需要把前肢用作稳定的支撑柱和在地面上前进的器官，可是这种分工打开了一扇多么大的门啊！它让脚成为支撑身体和抓握树枝的器官，让手自由地向上伸展，垂挂在两边，抓取果实，把小崽子们紧紧地抱在胸前！

在这进化的航程中，我们看重的一切，都取决于将手从支撑功能中解放出来，同时又保持它的未分化状态和适应性。因为人类的手，虽然常常受到误解，却保留了未分化的结构，能做任何事情。"在骨骼和肌肉上，"伍德·琼斯博士说，"人类的前肢远比马的或狗的更像乌龟的前肢。"俗话说："样样通，样样松。"这话的确有几分道理，但它也有另一面，这一点可以从人手非特化的可塑性上看到。蝙蝠的后腿则是反向发展的极端，它也摆脱了支撑功能，却特化成了钩子，用来把自己挂起来睡觉。对我们来说，重要的事件是手的解放，以及这样解放出来的手是可塑的和未分化的——广阔天地，大有作为。

树栖生活，配上解放了的手，导致大腿在髋关节处活动的自由度增加，脊椎调整为柔韧而稳定的支柱，腰部产生独特的曲线，肌肉系统适应了立在腿上的身体平衡，锁骨发达，拇指和大脚趾为抓握树枝的目的而特化。伍德·琼斯博士指出，一些啮齿类动物［如查尔斯·霍斯（Charles Hose）博士在婆罗洲发现的树鼠（*Mus ramgarettoe*）］已经进化出非常完美的可对置拇指和大脚趾，其路线与灵长目一模一样。这种"趋同"现象——由不相关的种属获得非常相近的适应性变化——是极为有趣的。我们此前已经探讨过这个问题，并提到了阿瑟·威利教授在所著《进化中的趋同》（一九一二年），以及亨利·柏格森教授在其《创造进化论》（一九一一年）中对这一问题的讨论，但谜底还没有完全揭开。

自由手的进化，能够抓住食物并把它举到嘴边，使得放弃凸出的唇和紧咬的牙齿成为可能，由此开始了口鼻部的凹缩，以及与此相关的脑壳扩大和眼睛前移。重大的改进往往要付出代价："口鼻缩短的进程，超过了牙弓缩小的进程，因此造成了现代牙科学的一大难题——正确处理嘴过于拥挤所导致的诸多弊端。"此外，随着下颌骨的缩小，现代人类似乎有失去下巴的危险，伍德·琼斯教授并不乐见"无下巴贵族发端"的前景。但说回枝头，树栖生活的另一项收获，就是大大增加了头部左右转动的力量。所有普通哺乳动物都能点头称"是"，抬头，低头；但摇头说"不"的能力，是树栖灵长类获得的。能转动头部是一大优势，这样可以定位声音，对眼球的活动形成补充。根据解剖学家的说法，树栖生活也要归功于平坦的胸部和平坦的背部，肋骨的呼吸运动在四足动物中是最多的，膈或膈膜运动对爬树者和现代人的意义也是最大的。

除了有袋类动物和筑巢动物等特殊情况，树栖哺乳动物往往有小家庭，少有例外。绝大多数灵长目动物一次只生一个后代，如果亲本没有进化出谨慎周密的特点，这种生殖上的节制就很危险了。所有的母猴都自己带孩子，把它们抱在怀里，如理查德·欧文（Richard Owen）①爵士所言，以"颇为人类的方式"给它们哺乳。有人也多次看见猴子父亲们抱着小猴在树间旅行。所以，猴子父母必须抱着非常年幼的婴儿这一

---

① 理查德·欧文（一八〇四年至一八九二年），英国生物学家、比较解剖学家、古生物学家和进化论的反对者。——译注

事实，也就意味着家庭关系的强化，这一定有利于温情的增长。

在另一条线上，是树栖生活限制嗅觉器官作用的重要性。触觉从鼻子和口中分离出来，特化在手上。"解放了的手获准成为敏感的手，可以说，它领先于动物的身体，在动物攀登生命的过程中摸索前进。"当手开始习惯性地用来证实或检查由嗅觉和视觉获得的印象时，这就是一个巨大的进步了。

对自己的身体，猫看不到和舌头触不到的地方并不多，但这在哺乳动物中远非常见，伍德·琼斯教授颇为重视的是，进化中的灵长目动物能用手触及身体大部分区域，并能想象自己的样子，而这种重视可能是正确的。撇开理论不谈，可以肯定，在不同种类的猴子身上所见脑组织的不同阶段，显示出接受嗅觉印象的脑区重要性在下降，而来自手、眼和耳的感觉冲动流向的新皮层区占据了主导地位——这里也是传出运动冲动的原初区往往以某种神秘方式变得近似的区域。脑组织在陆地上和树枝间继续进化，实属理所应当，但关键在于树栖生活特别有利于大脑的进化。我们的意思是，树栖环境为大脑总在不断涌现的新出发点提供了特别精细的筛子。

有人可能会反驳说，很多有袋类动物也是树栖的，却没有充分利用受教育的机会。但答案是，有袋类动物的大脑结构不同于有胎盘哺乳动物，因而无法出现重大的进步。至于究竟是大脑的进步带来了手在灵巧程度上的增强，还是身体的改观使大脑的进步成为可能，伍德·琼斯教授给出了正确的答案：这两组进步是相辅相成的。"在树栖生活中，自由的、适应性强的前肢进化好比演奏乐器——如果不同时发展出足够的脑力，动物就不可能在这种乐器上奏出全面和谐的乐音，也体会不了这种和谐的心理内涵。"或许也可以拿出一个有点类似的答案，来回答我们时常要面对的问题：如果个体获得的功能改变进入不了种群的遗传，那么所有这些对树栖生活的适应性变化又是怎样产生的呢？从隐藏在生殖细胞黑暗深处的变化之泉中，涌现出很多的试探和主动，但这要有赖于作为真正使然力的明确的生物体对这些变异和突变加以检验，因为如果不这样做，它们将毫无用处，而且由于早产，也只是昙花一现罢了。

三十八　"朱克一家"的续篇

华盛顿卡内基研究所最近发表了人类奇怪混合档案中最骇人听闻的文件之一。这是达格代尔（R. L. Dugdale）①先生一八七七年以《朱克一家》（*The Jukes*）为名，所作著名的"犯罪、贫困、疾病与遗传研究"的后续。达格代尔先生是个文静寡言的英国人，住在纽约，对政治教育抱有非凡的信念，对社会问题兴趣强烈。某次正式访问纽约州的县立监狱时，他颇为震惊地发现，Z县有六名囚犯，分冠四个姓氏，多多少少有血缘关系。他对这些不幸者的血统和环境产生了兴趣，于是调查了七百零九人，五百四十人是朱克血统，一百六十九人是与朱克家发生婚姻关系的X血统。他发现，其中有一百四十名罪犯和违法者、六十名惯偷等，从一八〇〇年开始的七十五年间，这一堕落的群体使该州的花费远远超过了一百万美元。达格代尔的工作表明，只要有不良遗传的"天性"和不良环境的"培养"，就会进一步滋生犯罪、卖淫和贫困现象。如果这里表述得不太清楚的话，那么应该指出，"朱克"这姓氏是虚构的，所以《朱克一家》的出版——总是限制发行——并未招致任何类似给狗起坏名的复仇论调。但达格代尔先生原始手稿的意外发现（一九一一年），让以此为线索来恢复真名实姓有了可能，只是仍未获

---

① 理查德·路易斯·达格代尔（一八四一年至一八八三年），美国商人和社会学家，由英国父母生于巴黎，十岁时移民纽约，所以下文称他为英国人。——译注

准。阿瑟·埃斯塔布鲁克（Arthur H. Estabrook）①博士极其谨慎，继续跟进朱克一家凄惨的故事，直到一九一五年。关于在此谈到这样一个严峻主题的原因，赫胥黎很早以前就讲过了，他说："人类的苦难是无法缓解的，除非用诚实的思想和正确的行动，坚定地面对世界的现状。"

达文波特博士②是冷泉港实验室进化实验站兢兢业业的主任。在《朱克一家》续篇的前言中，他描绘了朱克氏在家系历史开始时大本营的样貌："在一个与世隔绝的、如今离我国的大都市只有两个小时火车行程的地带，将近一百五十年前，一些人漂流到此地，他们的体质不适合参与高度组织化的社会。"当然也有不同程度的无力胜任；而树木茂盛、水源充足的僻静谷地［让人想到《盲人乡》（The Country of the Blind）③］，无疑给很多移民提供了一个振作起来的机会。但是，有人把某些带着不利遗产（*damnosa hereditas*）的家系"助离"了欧洲，他们注定要走上万劫不复的死路，"朱克一家"就在其中。如以下几人：马克斯，猎人和渔夫，快活的、酗酒的懒汉；莱姆，偷羊贼；劳伦斯，淫乱的、随意放"炮"的人；玛格丽特和迪莉娅，淫妇；还有贝尔，跟不同的黑人生了三个孩子。达文波特博士继续写道："不仅很多原初种群道德败坏，而且由于不断的近亲繁殖，原本可能发生的改良也被阻止了。神经的软弱，精神的缺陷，就这样从两方面汇集到了一起，那么，生出精神上和道德上均不健全的后代也就更为确定了。非亲缘婚配是有

---

① 阿瑟·埃斯塔布鲁克（一八八五年至一九七三年），美国优生学家，一九一〇年起在卡内基研究所的优生学记录办公室工作。一九一五年，他重新分析了达格代尔对朱克氏的研究。达格代尔支持对造成朱克氏成员高犯罪率的社会环境进行改良，埃斯塔布鲁克则建议用强制绝育来防止朱克氏成员生育后代。一九二四年，埃斯塔布鲁克还作为弗吉尼亚州的专家证人，在臭名昭著的卡丽·巴克强制绝育案中出庭。——译注

② 我们在第二十五章的译注里说过，达文波特博士基本上是个种族主义者。——译注

③ 《盲人乡》是英国作家、社会学家和历史学家赫·乔·威尔斯的短篇小说，发表于一九〇四年，描写了一个类似桃花源的地方。上海译文出版社一九八一年出版的《现当代英国短篇小说集》录有这一篇。——译注

一些，凡是和较好的种群婚配的，子女的智力和情绪控制能力也都较好，由此建立的家系也能在有组织的社会中占得良好的一席之地。"

续篇涉及现在分布广泛的五个原初朱克姐妹的后代，共二千零九十四人，其中一千二百五十八人一九一五年仍然在世。关于他们最普遍的事实是，有一半人过去和现在都是广义上的弱智[①]，"精神上无力对社会的期望做出正常反应，成长于他们认为正常的缺陷环境，满足于实现种种自然的激情和欲望，生活中没有抱负和理想"。至于另一半朱克氏成员，他们不能说是弱智，这些人的履历似乎主要是随着社会"培养"的机会而变化——就像我们大多数人的履历一样。但这一切太模糊了，我们还是付诸更精确的行动吧。一九一五年时，有四十三名十五岁至十八岁的朱克氏男子；二十九人的履历已被充分了解，其中"十八人是反社会的，在全社会小范围内表现不佳；两人是罪犯，七人有非常明显的、社区普遍能注意到的精神缺陷"。可以说，所有朱克氏犯罪分子过去或现在都是弱智的。在上述四十三个后生中，十九人是勤勉的。一九一五年时，十九岁以上的男子和十五岁以上的女子共七百零五人，其中三百零五人（占百分之四十三）是"对社会普遍福祉有害的人"，四十一人是罪犯，一百零三人有精神缺陷，八十三人是纵酒者。但有一百五十二人是勤勉的，六十五人被列为"好公民"。在这些好公民中，我们得知，"限制他们兄弟姐妹的不良品性已经丧失，他们成了社会上良好家系里的新家族发源地"。"丧失"一词很醒目。也许某些不良品性证明了孟德尔式的遗传，也许通过与良种的婚配，在一定比例的孙辈和再往下的后代中，它们就完全不存在了。

在对朱克氏深入细致的研究中，埃斯塔布鲁克博士是以某些一般性的结论为基础的，如，在有根本缺陷的家系中，表亲婚配将生出有缺陷

---

① 弱智（feeble-minded）一词广泛用于十九世纪末和二十世纪初，所指包括呆小病患者、白痴、低能、痴呆，以及各种程度的教育性与社会性精神缺陷，与美国和纳粹优生学的兴起及强制绝育政策有密切关系。词义贬化后，医学界现已不再使用。——译注

的后代，哪怕父母表面上还算过得去；放荡存在着明确的遗传因素；穷困表明了身体上或精神上的软弱，后者又与犯罪行为有关；刑罚制度对有精神缺陷的人几乎没有有益的影响；四分之一的朱克氏成员通过儿童机构得到了社会性的改良；环境变化可以给个体带来新机遇，并让他们有机会通过婚配进入更好的家族。然而，在很多情况下，懒汉换了新环境，还是会找到另一个和自己一样的人。社会环境的改善在个体发展中明显关系重大，但这取决于他能够和愿意做出的反应，反应的力度则取决于遗传结构。然而"遗传无论好坏，都有其环境的补充因素"。

正像我们说过的那样，达格代尔先生强调了持续存在的不良环境所导致的败坏作用，埃斯塔布鲁克博士的研究则通过家系图仔细地做了记录，从中表明遗传因素在某些情况下同等重要，例如智力低下。把后来所有的先天缺陷都上溯到原初的朱克家系，可能不尽合理，因为骨血里产生的罪恶，有时会因与其他种群中状态相似的成员交配而更加突出。至于可归为孟德尔单位性状的软弱——这问题只有一小部分得到了回答，必须指出，与群体中的正常成员进行非亲缘婚配将影响性状在后代中的分布，但不会影响它们的消失。

故事从五姐妹开始，从她们身上散播出了如此杂乱的软弱和痛苦、罪行和罪恶。朱克氏比比皆是的不只是美国！事实让我们感到，有必要更全面、更深刻、更广泛地，去认识本沙拉·布兰福德（Benchara Branford）先生的说法，他在所著的有雅量的《雅努斯与维斯塔》（*Janus and Vesta*，一九一六年）中写道："代代相传的、集体主义的和强调同感的责任、惩罚和苦难的崇高原则，为东方所固有，以牢不可破、坚不可摧的链条，束缚着一代又一代人，以此形成富有同情心的社会连带关系。"怎样做才能防止这种恶的增殖？有四个方面的建议摆在世人面前。（一）第一种是字面或比喻意义上的手术——对那些本性出现彻底、明确堕落的人施行绝育。对这一提议，社会情绪退缩了，部分原因在于它是强制性的，侵犯了"主体的自由"——而不是对许多可怜的朱克氏的讥笑；部分原因在于我们的无知可能会犯可怕的错误——然而，埃斯塔布鲁克博士等人的科研报告正在迅速减少这种无知；部分原因还在于，那些"人为"干涉"自然"结果的提议，总是连带着畏惧。（二）在某种程度上不那么激进，但也影响个人自由的，是提议确保对那些弱智者（姑且称之）开始施以永久的监护。埃斯塔布鲁克博士写道："在大约六百个活着的、弱智的和患有癫痫的朱克氏中，现在只有三人得到了监护。如果把这六百人全部隔离，那么预估五十年结束时，实际上就可以消除有缺陷的种质。"（三）第三项提议——要用非常批判的眼光来看待——是通过让坏种群与好种群混合在一起来改良坏种群。如果我们能够（因为我们不能）事先区分混杂性状和孟德尔式性状，那么，从一个好母亲和一个坏父亲那里得到一个合格的普通人，也许是可行的，但是关于界定清晰的性状，调查所得的趋势是强烈反对任何这样的试验。一个人能做的最坏的事，大概就是用坏种群来污染好种群了。这种结合生下的孩子，如果成长于健康的培养环境，可能会变得不坏，这种污染（如果是单位性状的话）可能会在后续几代的某些成员中完全消失，但如果不借助持续的选择，污染就不能从血统里消失。如果把从遗传学角度上看是健康的，但因个别营养不良而弱小的孩子转移到良好的环境，他们往往表现良好；如果他们长大了，安顿下来，结了婚，就不会对种群造成损害。但达文波特博士对于那种把"很多坏种质送到我们整个中西部优良农业社区的智慧"提出了合情合理的怀疑。达文波特博士为遗传科学做出了宝贵的贡献，但我们希望他没写出这样的句子："很有可能，从长远来看，改良坏种质最便宜的方法就是把它分散开来。"因为几乎可以肯定，会有人脱离上下文，来引用这句在我们看来极其危险的话。"然而，我并不因这种做法优于隔离而予以推荐；而只是把它当作一种低成本而又不无风险的预案。就朱克氏而言，有太多抑制力弱的显性特征，以至于分散它们就像分散火种——每一个都有可能在新的地点引起火灾。"最后这句话一针见血。（四）要抛开理想，正视现实，重新唤起老式的种族自豪感和对健康儿童的自豪感，培养婚姻关系的社会意识或种族意识，鼓励对不合适嫁娶的理性偏见，提高我们的身心健康标准，除了老调重弹，还有什么别的建议？①

---

① 还能有什么建议呢？汤姆森先生的时代局限没有比这一章表现得更明显的了。我们知道，在他那个时候，优生学还是光辉的显学。英国议会刚刚在一九一三年通过了《精神缺陷法》，规定了对"弱智"和有"道德缺陷"者的惩罚和监禁措施。而作家切斯特顿是该法案的强烈批评者，并为此出版了著名的《优生学及其他罪恶：针对科学组织化国家的论述》（*Eugenics and Other Evils : An Argument Against the Scientifically Organized State*）。在他看来，我们任何人都有可能被当成《精神缺陷法》规定的四种人——白痴、低能、弱智或道德低下者，而遭到系统化的迫害。"每一个木讷的流浪汉，每一个迟疑的劳动者，每一个古怪的乡下人，都能轻易地被套上为杀人狂设计的种种条件。"他说，"这就是危险所在；这就是关键所在……我们已经处于优生主义国家的统治之下；我们已经一无所有，只能反抗。"但只有在纳粹倒台，建立在英美优生学基础上的种族灭绝罪行公之于世之后，高尔顿、皮尔逊、达文波特、埃斯塔布鲁克等人这种危险的甚至邪恶的优生学理论才开始逐步得到清算。这一章作为遗传学历史上警世的一环值得留存。如果在阅读过程中感到难堪，那是因为我们记得惨痛的历史教训，因而成长为更进步和更有同情心的现代人。——译注

三十九　病理学的乐观论

只有愚蠢或无知的人，才能轻描淡写地谈论疾病的恶毒和痛苦的蔓生。细菌多么频繁地遮蔽了太阳；像风中巨塔那样屹立了一代人的结构瓦解时，多么频繁地让我们惊愕地看到*corruptio optimi pessima*①；尽管现代医学取得了一个又一个的胜利，可是像九头蛇那样不可抗拒的疾病，又是多么频繁地噩梦般控制了我们！健康是一种崇高的品质，可它与疾病永远唇齿相伴；因此留下了一种不祥的印象，如威廉·詹姆斯所说，"美丽与丑陋、爱与残忍、生与死同处一室，不可分离"。但是，抛开那些无稽之谈，不拿黑说白，也不拿恶说善，也许可以就病理学的乐观主义提出一些有益的考虑。首先，有一个重要的事实：除了衰老和大大小小的寄生虫之外，野生自然界几乎没有疾病。如果出现病理变异，也是来不及发作就被消灭了。体质性疾病是新陈代谢出现了失调，不合拍，走了调，大自然处理这种棘手的体质时，也是快刀斩乱麻。那么，马铃薯病和鲑鱼病、鸡霍乱和猪瘟、醋栗丛中的巨芽病和蜂巢中的蜂病又是怎么回事呢？这份清单还可以拉长，但到头来答案可能都一样：这些病是微生物病或寄生虫病，而不是体质性疾病，它们发生在人工的、人造的条件下，而不是野生自然环境。鲜有在自然条件下发生微生物病的例子，其中最有名的，要算沙蚕得的一种细菌病了，据我们所知，这可能与污水一类的东西有关。不可否认，野生动物有时会受到微生物的广泛感染，以致引起流行病。我们知道环斑鸠中有一种白喉，也知道可能是某种疾病导致了信鸽的迅速消失。但仍然可以认为，这种情况是罕

---

① 拉丁文，大意是，最好的东西腐败了，就是最坏的。——译注

见的和短暂的，通常可以追溯到快速的人类介入——把新住户引入某一地区，杀光自然的病害清道夫，放任过度拥挤，或是土壤和水源的污染，等等。说到松鸡，在这种近乎神圣的鸟类中，好像没有什么特殊的疾病，但一旦去除自然筛选的作用，就会允许弱者的累积。这样一来，偶发的、本来在强健的松鸡中可以控制在一定范围内的寄生虫病，就有可能增加七倍，扩散到，比如说，新的器官，并可能因此带来致命的一击。然而，我们认为，在野生自然界，如雪莱所言，"未被人类的痛苦污染"，健康和疾病是不会"同处一室，不可分离"的。至于有人宣称的二叠纪鱼化石的骨疡和穴居熊的骨髓炎，对这种案例稍加怀疑，也许并非毫无道理。

其次，我们是不是有点健忘呢？忘了阿达米（J. G. Adami）[①]教授最近写了一本既有趣又有勇气的《进化研究中的医学贡献》（*Medicial Contributions to the Study of Evolution*，一九一八年）。他在书中强调，某些不舒服的身体过程，往往被归入疾病的范畴，其实是有机体在努力自我调整，以适应人类非常微妙而多变的环境——很大程度上是人为的。因此，与炎症本质上是一个伤害过程、会导致组织破坏的旧有观念相反，我们现代的观念与梅奇尼科夫的研究成果密不可分，认为炎症是对刺激物侵入的一种响应或反应，意在抵消其有害的影响。这种反应有可能不充分，也有可能是过度的，因为有机体无法对每样损害都做出完美的适应。但炎症的目标总是修复和自我保护。我们应该惊叹的不是人类的疾病，而是我们在微生物和毒物发起攻击时抵御能力的多面性。阿达米教授写道："正如威廉·利什曼（William Leishman）[②]爵士通过

---

① 约翰·乔治·阿达米（一八六二年至一九二六年），英国病理学家，长期在蒙特利尔的麦吉尔大学担任病理学教授。——译注

② 威廉·布格·利什曼（一八六五年至一九二六年），英国军医和病理学家。——译注

简单而悦目的实验［这构成了阿尔姆罗思·赖特（Almroth Wright）[1]爵士调理素技术的基础］所显示的那样，无一例外，所有的致病微生物迟早都会被人体血液中的多形核白细胞吸收和消化。"即便我们那装备精良的神奇保镖偶尔失手，也不应该导致我们忘记它在对抗攻击和入侵时正常的成功。我们根本不相信阿达米教授在论证中支持的这种论点：先天的抗病能力是个体在同一方向上所做身体调整的遗传性结果，或者说，进化，无论是进步的还是倒退的，都是"生物体与其环境之间持续调整这一积极过程的结果"，如果"调整"指的是生命物质对环境的直接反应的话。我们认为，他已做出了很好的贡献，再次提醒了大家注意到个体身体诱发变异的巨大重要性，以及环境特异和功能特异的直接结果，并表明这些往往是有效的自我保护，还提出我们仍然只有一个相当模糊的假设：环境影响的特异可能以我们不理解的某种方式，起到变异刺激物的作用，其作用，要比技术上称为诱发变异的印象和印刻作用的对象来得更为深入。很多人会发现，这本书最有意思的贡献，是关于阿达米教授所称"习惯法则"的讨论。一旦兔子身体的细胞习惯于产生蓖麻毒素（来自蓖麻油植物）的中和剂或抗毒素，就有可能在最初的刺激发生之后，在几个星期或几个月的时间里，继续产生抗蓖麻毒素。在马身上，一个破伤风毒素单位可以在免疫过程中，促成一百万个抗毒素单位的产生。汞中毒后，多涎可能持续一年之久。在致病物消失并对鼻子彻底消毒后，头昏仍有可能持续数周。细胞会形成习惯，可能是一种全新的习惯，并持续存在。"一种后天的细胞变异，如果我可以这样表述的话，就变成了一种细胞遗传。我们多多少少，可以用同样的方式来形容微生物获得新习惯的过程，因为无亲和力的杆菌有可能变成致病菌，传染性强的病菌也有可能受抑制。但困难之处在于，要从一代代细胞和

---

① 阿尔姆罗思·赖特（一八六一年至一九四七年），英国细菌学家和免疫学家，世界首支伤寒疫苗的开发者之一。——译注

单细胞传递到一代代多细胞动物这种截然不同的情况。即使我们和阿达米教授等人一起假设，经过特殊改造的体细胞能产生特定的代谢物或激素，或是某种信使，最终在生殖细胞内达成目标，从而明确地影响后代——例如在对某种毒物产生先天性免疫力的方向上——那么，是否也可以说，这已经只是试探气球了？"

　　第三，正像恶是自由要承受的一项税负，不稳定是对天才的惩罚一样，说体质病是变异性阴暗的一面，似乎也并无不妥。疾病往往只是一个新出发点，已经稍微超出了界限。有时这是生理上在进化阶梯上滑跌了一级。我们再回到此前的定义，体质病是一种代谢病，出现了失调，不合拍，走了调。有意思的是，在一种动物身上是病态的现象，到另一种动物身上有可能变成常态。雄性刺鱼的肾脏分泌细丝，把水草编结成巢，牡鹿角基的坏死，能让它们去除鹿角。而超流涎产生的材料，使小雨燕从中造出脆弱的"可食用的燕窝"，这难道不是近似多涎症了吗？同样，在生命某个时期是正常的现象，到另一时期却可能变成病态，正像我们在蝌蚪变青蛙、毛虫变蝴蝶的某些阶段发生脱分化时看到的那样。疼痛可在一定程度上解释为一种自我保护的危险信号，同样，回溯以往，我们看到，在野生自然界几乎不存在的体质病也是对人类的一种警告，要我们注意人为的危险和对生理学基本原则的愚昧蔑视。（如《旧约·诗篇》所言："愚妄人因自己的过犯便受苦楚。"）我们也看到，贴上疾病标签的很多过程，代表了有机体抵御毒物、对抗攻击、修复损伤的最大努力。我们还看到，体质病毕竟是许多命中的一次脱靶，许多成功实验中的一次失败，是无价的变异天赋要承受的一项税负。所以，我们窥见了病理学的乐观。

四十　快乐的信徒

　　在这愁苦的年岁（一九一七年），出版一本论快乐的书似乎不太合适，然而，马萨诸塞州剑桥市的迪尔伯恩（Dearborn）教授要告诉我们的东西，能让生活变得井井有条。因为他也追随彼得格勒①著名的生理学家伊万·彼得罗维奇·巴甫洛夫教授，研究情绪对身体健康的影响。循环良好与心情愉快有关，这一事实很多人都是熟悉的——这种有机的喜气有时甚至会激励疲惫和忧伤的人！但逆命题也成立：愉快带来健康。有机的和谐、活力与高兴是相关的，问题是内心生活的快乐能不能对有机体的工作力和持久力产生实际的影响。一颗欢快的心可以走上一整天，一颗悲伤的心只消一里地就会感到疲倦；但是，欢快难道不是体质上不知疲倦的征候，而悲伤是已经合成了的疲劳毒素的一种表征吗？迪尔伯恩博士力图证明快乐是一种真正的原因（*vera causa*），而有趣之处就在于探究他怎样加以证明。不消说，如果把快乐看成一种单纯的发光或副现象，来自在我们胶体基质的迷宫里舞蹈不停的活泼粒子，那么对这个问题就是过早地下了判断。但我们还是摆脱机械论的盲目信仰，给迪尔伯恩教授一个公平竞赛的舞台吧。我们会拿胃口好则精神好开些小玩笑，而我们的接班人将对那些嘲笑我们的作者有个"波士顿福赛斯儿童牙科医院心理学家和生理学家"头衔的人付之一笑。

　　论证的第一步是，我们的快乐指数高，消化就好。正如萨利比（Saleeby）博士所说，无忧无虑有营养价值。古人云："心中欢畅

---

　　① 俄都圣彼得堡在第一次世界大战期间更名彼得格勒。——译注

的，常享丰筵。"①又云："心中安静，是肉体的生命。"②现在，巴甫洛夫、坎农（Cannon）、卡尔松（Carlson）、克赖尔（Crile）③等人所做的研究，就是用实验证明，愉快的情绪有利于消化液的分泌、食管的节律性运动和养料的吸收。相反，不愉快的情绪干扰、各种各样的忧虑，可以获证对消化过程有阻碍的影响。

饥饿的人看到摆好的餐桌就会流口水，但人人都知道，记忆或预期也能起到作用，至少能拉动消化链的第一环。"现在都知道，"迪尔伯恩说，"没有什么感觉经验是离消化神经支配太远，以至于无法关联并对消化运动和分泌作用产生刺激的。"情绪可以影响肾上腺的核心部分，使之分泌肾上腺素，这种强大的物质稍有增加，就会收缩小血管，提高血压，使肌肉兴奋和振作，增加血液中的糖分含量等。好消息，如果有什么精神感应的话，可以引发一系列的物理化学和生命过程，其复杂程度足以超出头牌智者的理解范围。开朗的人如果养成快乐的习惯，在阳光和星光、花和鸟、艺术作品和朋友脸上找到喜悦的理由，自然会得到"快乐回报"或满心的愉悦，哪里还用得着傻乎乎地去追求快乐呢。

第二个论点涉及循环。华兹华斯不知道自己是个多么好的生理学家，他说他一看到彩虹，心就欢跳，或是念及水仙，他的心就欢情洋溢，舞踊不息④。他也许不太了解迷走神经的分布，但他知道快乐对循环的影响。有些含糊其词的生理学家做过实验，测量全班同学的脉搏，明明给他们吃乳糖丸，却告诉他们吃的是心脏兴奋剂或心脏抑制剂，一

---

① 《旧约·箴言》："困苦人的日子，都是愁苦；心中欢畅的，常享丰筵。"——译注

② 《旧约·箴言》："心中安静，是肉体的生命；嫉妒是骨中的朽烂。"——译注

③ 应指沃尔特·布拉德福德·坎农（一八七一年至一九四五年），美国生理学家；安东·尤利乌斯·卡尔松（一八七五年至一九五六年），瑞典出生的美国生理学家；乔治·华盛顿·克赖尔（一八六四年至一九四三年），美国外科医生。——译注

④ 华诗："我一见彩虹高悬天上，/心儿便欢跳不止"；"我的心灵便欢情洋溢，/和水仙一道舞踊不息"。引杨德豫译文。——译注

段时间后观察心跳速率的变化。许多人的心脏在服用想象中的兴奋剂后跳得更快了，服用想象中抑制剂的则跳得更慢，但更有意思的是，这些"没有任何情绪配合，纯粹由想象合成物引发、形成和维系"的变化，与那些主要以情绪为触发条件的变化相比，还是很小的。

迪尔伯恩博士研究过改变血压的因素，提出了一个值得注意的说法：在"身体所有的建设性部分，如大脑、肌肉和消化器官，对基本循环的一般性刺激中，快乐表现出了它最引人注目的益处之一，这一点是谁都不能怀疑或忽视的"。有趣的是问一问——虽然我们可能永远无法回答：很多鸟类显而易见的快乐，尤其是通过鸣叫表现出来的，但也通过轻快的跳跃和纵情的飞行表现出来，是否与它们异常完美的消化能力、精密的循环和强健的肌肉有关？如果说鸟类没有真正的生存之乐（*joie de vivre*），有时却还是把这种乐趣模仿得那么出色，而我们应该想知道，它们是因为胃口好而快乐呢，还是因为快乐而胃口好？因为有时一个生物体是由心及身的，有时又是由身及心的。

可是对人来说，毫无疑问，喜怒哀乐的情感状态会引起血压的迅速变化。"有一个案例，"迪尔伯恩告诉我们，"一个想象中的吻在九十秒内造成了至少二十毫米汞柱的上升；在另一个人身上，突然唤起的悲伤在更短的时间内，让汞柱上升了百分之三十以上。"如果动脉脆弱——这在高龄时颇为常见——血压的大幅波动有可能导致中风。迪尔伯恩继哈克·图克（Hack Tuke）[1]之后提到，一七七四和一七七五年之间费城那个令人忧虑的冬天，以及一六九四到一六九五年的意大利[2]，中风据说频繁发生，如史家所言，当时"所有商业都受到了干扰，所有和平的途径都遭到了阻断，所以就算最强健的心脏，想到这些也难以承受"。就像巴黎的围城让许多人过早地衰老，或是给他们的余

---

[1] 哈克·图克（一八二七年至一八九五年），英国内科医生和精神病专家。——译注
[2] 彼时北美殖民地已进入独立战争的前夜；意大利则处在欧洲九年战争的中途。——译注

生打上了烙印，我们这场大战①的悲剧也是同样的情形。因此，虽然快乐离我们很远，但我们可以诉诸平静的坚忍，来保全我们的效率。伯顿（Burton）在《忧郁的解剖》（*The Anatomy of Melancholy*）里写到的"乐博士"（Dr. Merryman）②，我们固然无缘得见，向他笔下另一位"静博士"（Dr. Quiet）求助却料无不可。

第三条论证比其他两条更难遵从；它与快乐对神经系统的影响有关。用谢林顿的话来说，神经系统的最高功能是整合性的——也就是说，它统一了身体的各项活动，使彼此之间，使它们和环境之间的关系处在和谐的控制之下。问题是，喜悦的心态能不能提高这种整合的效率？众所周知，好消息会让一支探险队精神大振；一次突然的探视会像魔法一样，把厌倦而想家的孩子变成一个活蹦乱跳、喜不自胜的精灵；一种宗教性的快乐有可能让男男女女超越我们脆弱人性的凡俗限度。可这是怎么做到的呢？《圣经》里说到的喜乐油又是怎样让四肢柔韧、脸孔发光的呢？

一个不容置疑的事实是，一种快乐——比如说母性的喜悦，或发现的喜悦，或艺术创作的喜悦——可以变成思想上和意志上的兴奋与热情；但目前的问题更多地关乎身体健康。普遍认为，情绪总是伴随着生理现象，如身体各处的紧张和运动，以及腺体分泌的变化；可以肯定，快乐的这种回响是有益的，因为快乐是有机体健康的指数。同样众所周知的是，审美感受——对美产生的愉悦——是非常明显的由身到心的反应，可以影响作为统一体的整个生物；但问题是，快乐是否以任何具体的生理方式提高了神经系统的效能。丘脑是各种感官影响的大供应站和情绪反应的中心，对此，迪尔伯恩博士认为，来自这一区域的影响有可能涌入大脑皮质，即高级心理过程的中枢，快乐与活动在此是相互关联

---

① 此时是一九一七年，第一次世界大战还没有结束。——译注

② 罗伯特·伯顿（一五七七年至一六四〇年），英国作家和学者，所著《忧郁的解剖》出版于一六二一年，是一部关于忧郁症的百科全书。——译注

的。他语气谨慎地讲到"一道强烈传入或上升的神经影响洪流通过丘脑（情绪'中枢'）进入皮质中层"，但不管其意义大小，他毫不怀疑快乐对神经系统的整合功能能有直接影响。

迪尔伯恩教授的论点与很多独具美国特色的心理生物学研究是一致的，它们的目的，是用可以称作直接路线的做法来培养人格。前方的危险众所周知，就像直接追求健康容易造成疑病和过分担忧，直接追求幸福容易自讨苦吃一样，为了"快乐回报"而直接追求快乐，也可能到头来竹篮打水一场空。但化解这种风险是有可能的。强颜欢笑当然是一种恐怖，但"坚持不懈的求乐意志"，如果令人尊敬地对生活中一些真正的快乐感到满足的话，可能很快就会成为一种不需要人为刺激的习惯。对自然和艺术寻常的亲近，往往会在应得的奖赏之外得到更多的回报，那些一开始只是为了履职而步行下乡的人，最后往往真正地醉心于旷野。追求快乐也许是徒劳的，而伪造快乐堪称可憎，但有些做法并不荒唐，比如虚心学习，去认识无穷无尽的美好事物，它们是永远的快乐。如果这些我们做到了，喜悦也就不请自来了。

译后记

这本书的作者约翰·阿瑟·汤姆森爵士（Sir John Arthur Thomson）在他那个时代，是非常有名的人物，著作等身，桃李天下，不仅在英国备受尊敬，其声望还远及世界各个角落，甚至在旧中国也有众多的读者。

早在一九二七年，商务印书馆就印行了汤姆森的著作《日用生物学》和《原人》，后来又出版了他写的《生物学史》（一九三一年），以及收在《万有文库》里的六卷《动物生活史》（一九三五年），再加上至少六卷《大众生物学》（一九三七年）。值得一提的是，这些书的译者都是同一人，即陆谷孙的老师伍况甫（一八九八年至一九七八年），"一位类似十九世纪英国查尔斯·兰姆的人物"。陆先生的《余墨二集》里有一篇《"文革"中看电影》，就写到他在工宣队眼皮子底下打呼噜的故事。

一八六一年七月八日，汤姆森生于苏格兰东洛锡安郡的索尔顿，一八八〇年获授爱丁堡大学博物学硕士学位，后短暂留德。年仅二十五岁时，他就当选了爱丁堡皇家学会的院士。从一八九九年开始，他一直在阿伯丁大学担任钦定博物学教授，时间长达三十一年，是该教席一七五三年设立以来任职最久的一位。这一纪录保持到了今天。

"除教学外，汤姆森的伟大成就无疑是他作为科学和科学思想的阐述者而取得的。"《自然》杂志在他去世后写道，"他有一种简单明了地写作和讲学的天赋，这使他能够善用自己的全部知识，阐释出大自然的美和趣味，因此，在唤起人民对博物学的兴趣上，同代人中是没有一个人可以同他所做的工作比肩的。"

汤姆森不仅是苏格兰最受欢迎的动物学和植物学教师，还应邀在英国各地、南非和美洲举办一系列重要的讲座。一九三〇年，他从教学岗位上退休时，获英王乔治五世册封爵士。阿伯丁大学、爱丁堡大学、麦吉尔大学和加利福尼亚大学也授予他博士学位。得到了这么多荣誉，但"他一直保持着淳朴、有时近乎羞涩的举止，掩藏着一颗热情的心和丰富的友善"。

可惜，退休不久后，阿瑟爵士便因心脏病发作，于一九三三年二月十二日在萨里郡的家中去世，享寿七十一岁。

《动物生活的秘密》与八九十年前译入中国的那些书都不一样，也不同于他远非通俗的大量专著。它由四十篇评述性的文字组成，内容略显芜杂，大多是汤姆森介绍其他科学家的前沿成果。所涉及的问题往往在那个时候还没有定论，有些到现在都是悬案。

我们从书中看到，汤姆森热爱自然，思想进步，对人类的未来充满了乐观精神，即使很多篇目写于艰困的大战年代；他眼界开阔，关注昆虫学、胚胎学、营养学、遗传学、动物行为学、海洋生物学、微生物学、植物学、生物化学和地球科学；他讨论气味，也研究声音；他喜爱秋天，也享受冬天；他关心弃肢和寄生，也对囤积和浮浪充满好奇心；他相信物竞天择的进化论，但也强调，自然界的合作共生，要比弱肉强食的斗争更为重要；他熟悉文学和诗歌，对《圣经》典故如数家珍，对莎士比亚、华兹华斯、梅雷迪思和惠特曼也是信手拈来；他文风庄重，虽然以今人的标准，有时略显古板——例如言必称先生，但有些篇章，如悦目又悦耳的《乡村之声》，难道不是很优美的散文吗？

令人欣慰的是，汤姆森对动物的同情心，似乎远在他那个时代的平均线之上。"北大西洋露脊鲸没有天敌"，他在书中哀叹，"它们自己之间打不打架则不清楚。它是一种长寿、木讷、爱好和平的生物——太温和了，无法在人类的恐怖中长期生存"。

他在认识上的少许偏颇，主要体现在涉及优生学的某些观点。有几处，我们不得不冒昧地用脚注做些简短的说明。但这些地方，与其说是个人的成见，不如说是时代的局限。朱洗先生的书，今天读来，关于人种，关于男女，也有许多与今日精神不太相符的文句。不过，这并不意味着我们必定比前人进步。要知道，区区一二十年、五六十年前的某些共识，现在听上去似乎都激进到了不可思议的地步。

新冠大流行导致北美封锁，迫使布谷同学——说起来，阿瑟爵士也算她的半个校友——在毕业前的暑假里足不出户。她借以译出本书前六章，并承担了全书部分校译工作。其余章节由她的父亲与合作者接续译成。

原文涉及的人物，多有姓无名，我们尽力查考，做了必要的注释。原书采用的英制单位，译文大多直接换算成了公制。主要的难度在于此书涉及种种学科，名词术语繁多，且有些称谓已废止不用，我们唯有借助多种专业词典和工具书，并多方阅读，尽己所能，向准确靠拢。但错漏料难避免，还请读者朋友不吝批评指正。

无论如何，这本书的大部分都是令人愉快的，对今天的读者而言，也仍然能起到开阔眼界、增进知识的作用。希望我们的译文有助于实现这个目标。

译者
二○二一年三月